MANUEL D'HISTOIRE NATURELLE

AIDE-MÉMOIRE

DE

GÉOLOGIE

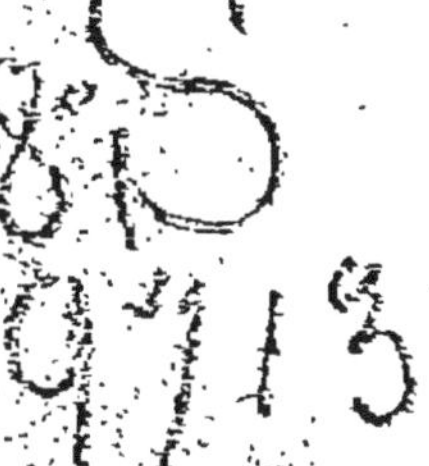

3372-96. — CORBEIL. Imprimerie ÉD. CRÉTÉ.

MANUEL D'HISTOIRE NATURELLE

AIDE-MÉMOIRE

DE

GÉOLOGIE

PAR

Le Professeur Henri GIRARD

AVEC 35 FIGURES INTERCALÉES DANS LE TEXTE

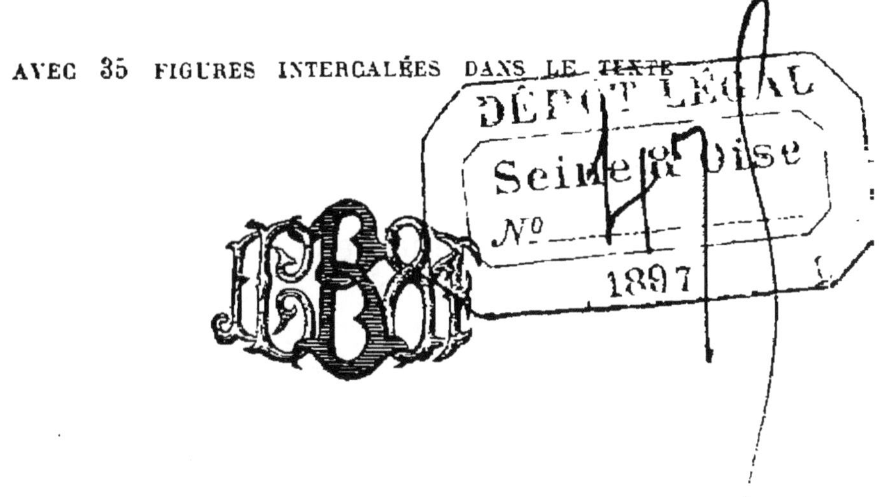

PARIS
LIBRAIRIE J.-B. BAILLIÈRE ET FILS
19, rue Hautefeuille, près du Boulevard Saint-Germain

1897

PRÉFACE

La série d'*Aide-mémoire*, dont l'ensemble forme le *Manuel d'histoire naturelle*, a pour objet de permettre aux candidats qui se présentent à tous les examens, dont le programme comporte l'étude des sciences naturelles, de repasser, en un temps très court, les diverses questions que peuvent poser les professeurs d'une Faculté ou le Jury d'un concours pour l'admission à une école.

L'auteur de ces *Aide-mémoire* s'est efforcé d'embrasser, aussi brièvement que possible et sans rien omettre, les sujets des divers programmes, aussi bien celui de la licence ès sciences naturelles, du certificat d'études physiques, chimiques et naturelles, que celui des concours pour l'admission aux écoles d'agriculture.

Il s'est proposé de mettre en évidence les points les plus importants, avec assez de netteté et de concision pour que le candidat puisse, d'un seul coup d'œil, revoir l'ensemble des matières exigées à son examen. Le but du *Manuel* est plutôt de *rappeler* que d'*apprendre*, et souvent il suffit d'un mot, de l'énoncé d'un principe, ou du nom d'un professeur, pour éveiller dans la mémoire le souvenir d'un fait, d'une théorie, d'une découverte ou d'une idée personnelle.

Ainsi conçu, le plan du *Manuel d'histoire naturelle* permet de traiter tous les sujets d'une manière précise. Au début des études, il permettra d'acquérir rapidement des notions suffisantes pour profiter des cours spéciaux ou lire avec fruit les traités complets; aux examens de fin d'année, il facilitera les revisions indispensables.

Dans le présent *Aide-mémoire de Géologie*, l'auteur a suivi la classification stratigraphique indiquée par MM. les professeurs A. de Lapparent et Munier-Chalmas. Il a décrit les différents systèmes en choisissant la région de l'Europe où chacun d'eux se montre avec ses caractères les plus généraux. Puis il a étudié la succession de leurs assises, surtout dans les régions françaises, se contentant d'énumérer ensuite les autres contrées dans lesquelles ces systèmes sont le mieux développés.

Pour cet exposé, l'auteur s'est efforcé de condenser les vues de MM. les professeurs A. de Lapparent, Munier-Chalmas, A. Michel-Lévy, Marcel Bertrand, Barrois, Gosselet, Velain, Bergeron et Stanislas Meunier. Les caractères typiques des faunes et flores ont été empruntés aux *Éléments de paléontologie* de M. Félix Bernard.

H. G.

1896.

AIDE-MÉMOIRE

DE

GÉOLOGIE

PREMIÈRE PARTIE
TERRAINS STRATIFIÉS

CHAPITRE PREMIER
CLASSIFICATION STRATIGRAPHIQUE

Ordre de superposition. — Sous l'action de la pesanteur, le fond des océans reçoit un apport constant de matériaux arrachés, par l'effort des vagues, aux continents. Ces matériaux forment des *dépôts détritiques* (1), dont l'épaisseur augmente sans cesse de bas en haut. L'époque de la formation ou *âge* du dépôt, est d'autant plus ancien que sa situation est plus profonde.

En admettant donc qu'aucun bouleversement ne se soit produit, par la suite, on doit considérer comme un critérium absolu pour la détermination de l'âge relatif d'une formation sédimentaire, son *ordre de superposition.*

L'histoire géologique d'une région du globe pourra

(1) Sur la formation des dépôts détritiques, voir H. Girard, *Aide-mémoire de Minéralogie et de Pétrographie.*

se déduire non seulement de l'ordre, mais encore de la *nature* des dépôts détritiques. Pour qu'un dépôt arénacé soit remplacé par un conglomérat, ou pour qu'un lit calcaire succède à des couches argileuses, il a fallu qu'un changement se produisît dans la direction des courants, dans la force des vagues ou dans la distance à la côte, du point considéré.

Parmi les débris fossiles, la substitution d'espèces de la faune abyssale à des espèces de la faune littorale, attestera un affaissement, tandis que la substitution d'une faune fluviatile ou saumâtre à une faune marine indiquera un exhaussement du fond ; un dépôt de faune d'eau douce, succédant à des sédiments à faune marine, montrera que le fond primitivement immergé a dépassé la surface des mers, et, en ce cas, l'étude spéciale de la flore pourra donner quelques indications sur les conditions physiques et climatériques de la portion de continent émergée.

Discontinuité de la stratification. — La sédimentation est toujours discontinue, puisque la séparation des dépôts détritiques en couches (*stratification*) est toujours manifeste. Cette discontinuité amène cette conséquence, que jamais la série des strates superposées ne peut représenter, sans lacunes, toute l'histoire géologique d'une région. Toutefois, comme deux régions différentes n'ont pas eu forcément la même histoire, il est peu admissible que les lacunes se correspondent. En comparant donc un grand nombre de séries de couches verticales, on pourra reconstituer tous les phénomènes sédimentaires.

Épisodes sédimentaires. — Cependant, la plupart des sédiments ont un caractère local. Chacun d'eux représente, en quelque sorte, un épisode de l'histoire géologique qui a sa place marquée dans le temps et dans l'espace. Ainsi, par exemple, au voisinage d'une côte, des coraux accumulent les calcaires, tandis qu'à une faible distance l'effort des vagues arrache au rivage des éléments arénacés, et qu'il se forme un dépôt arénacé ; un peu plus loin des éléments argileux, empruntés par la dégradation, à la côte, vont former un dépôt vaseux. De plus, avec le temps, l'une des formations peut empiéter sur l'autre et le contact des régions pourra offrir des dispositions variables.

Synchronisme des assises. — Pour établir entre tous les épisodes locaux un lien qui permette de grouper ceux qui se sont accomplis ensemble, il faudra d'abord les classer par ordre d'importance, en accordant à chacun d'eux une valeur proportionnelle à son étendue.

La plus importante détermination à faire est donc de définir, autant que possible, les limites de la région du globe où une assise s'est déposée. Les variations géographiques ayant, évidemment, correspondu aux phénomènes intimes qui ont interrompu le jeu des actions extérieures, les époques principales de l'histoire de la terre sont celles où la configuration en a subi les changements les mieux indiqués. Ceux-ci seront bien définis si l'on parvient à déterminer la ligne des côtes de la mer; et ce résultat peut être atteint en recherchant la continuité des assises offrant, sur de grandes étendues, les mêmes caractères lithologiques.

En admettant que la stratification originelle n'eût pas subi de bouleversements considérables, on pourra reconnaître, par la continuité des assises, que deux d'entre elles sont contemporaines, si elles se font suite sur un même horizon. D'ailleurs, le passage d'une assise à l'autre est généralement progressif et, souvent, on peut suivre toutes leurs transformations. C'est ainsi que par des études stratigraphiques on est parvenu à grouper ensemble des assises de nature différente et qu'on a reconnu qu'elles n'étaient que des modes de sédimentation distincts d'une même époque; c'est à ces modes qu'on a donné le nom de *faciès* (1).

De la même manière, on pourra être conduit à séparer des assises, lithologiquement identiques, comme les calcaires coralliens.

Stratifications concordantes et discordantes. — Le synchronisme des assises régionales étant reconnu, il faut s'attacher à grouper les assises successives en divisions homogènes, pendant la série des temps.

Ce résultat peut s'obtenir en s'attachant à l'étude des phénomènes de *concordance* et de *discordance.*

On admet que les époques sédimentaires ont été séparées les unes des autres par des mouvements d'origine interne, modifiant le relief et la configura-

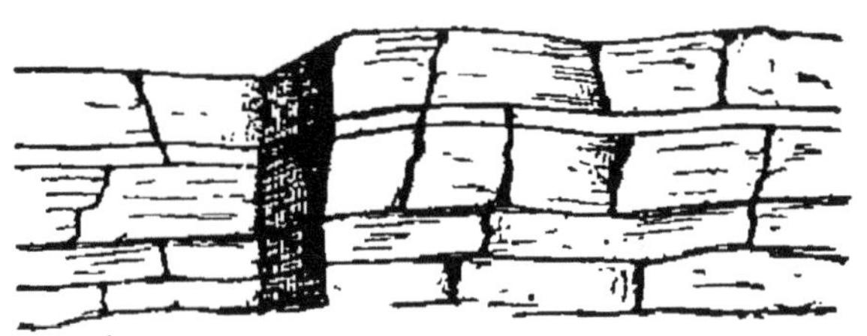

Fig. 1. — Stratification concordante : couches horizontales avec fissures.

tion des rivages. Une vérification de cette hypothèse sera que, dans la zone littorale, le fond de la mer aura perdu son horizontalité primitive et que, tandis que des assises appartenant à une même époque auront des surfaces de division parallèles, en d'autres termes, seront *concordantes* (fig. 1 et 2), celles de deux époques nettement séparées seront en stratification *discordante* d'une manière appréciable, c'est-à-

(1) Voy. H. Girard, *Aide-mémoire de Paléontologie.*

dire que les plans de division de la série inférieure formeront, avec les plans de division de la série supérieure, un angle bien net.

Souvent cette discordance est extrêmement visible; des couches récentes reposent sur la tranche d'assises plus anciennes, redressées verticalement.

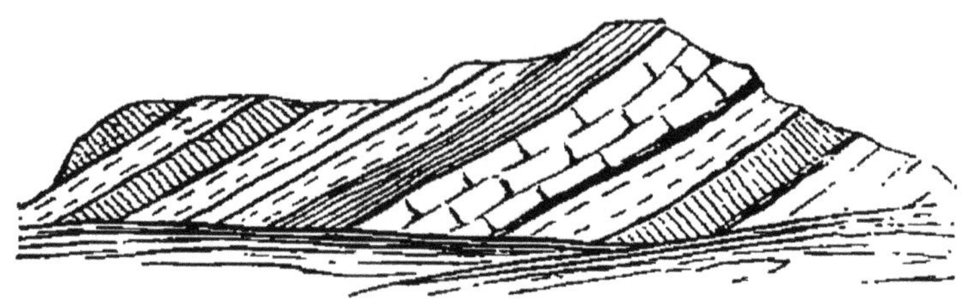

Fig. 2. — Stratification concordante : couches inclinées.

Dans certains cas, il peut se produire des dépôts, concordants en apparence, mais séparés par une grande lacune. Ainsi, lorsque la mer recouvre des terrains depuis longtemps émergés mais ayant gardé leur horizontalité, elle y dépose des sédiments dont la stratification est, en apparence, concordante avec celle des premiers.

De tels sédiments sont dits *transgressifs*.

Dans ces cas, l'état des surfaces peut donner de bons indices sur la durée de l'interruption survenue. Une roche non arénacée durcit à l'air et, en même temps, s'use et se corrode d'une manière caractéristique. D'autres fois, lorsque, par exemple, l'émersion amène une roche dure au niveau de l'océan, les *Lamellibranches lithophages*, du genre des *Pholades*, s'y établissent et l'on retrouve les trous dont ils ont perforé la roche. Certains dépôts ont aussi conservé des empreintes de pas, ou même de gouttes de pluie; d'autres renferment des débris d'organismes terrestres, quelquefois des souches d'arbres encore en place.

Insuffisance de la méthode stratigraphique. —

L'application des principes stratigraphiques rencontre de nombreuses difficultés. L'absence de coupes naturelles ou artificielles, l'état de dislocation et de morcellement actuel de l'écorce terrestre entravent constamment l'application du principe de continuité. Souvent, la nature du terrain, coupé de prairies ou semé de forêts, empêche l'observation du prolongement des couches. D'autres fois, la série sédimentaire a subi des plissements ou des fractures qui arrêtent toute étude.

Dans quelques cas, en relevant la direction et l'inclinaison d'une couche géologique partout où ces éléments sont observables, on arrive à déterminer, avec quelque probabilité, ce qu'elle devient dans les régions où elle est masquée par le terrain superficiel.

Cette représentation des surfaces devient impossible lorsqu'il s'est produit des *failles*, c'est-à-dire des cassures accompagnées de rejets pouvant mettre en contact immédiat des couches très différentes. Si l'aspect du sol ne décèle pas l'existence de la faille, l'observateur pourra appliquer encore le principe de la continuité alors que les couches seront naturellement disloquées.

De même, l'existence de plis renversés dont les sommets ont disparu par les effets de l'érosion peut conduire un observateur à considérer comme des couches régulièrement stratifiées les différentes parties d'une assise plusieurs fois recourbée sur elle-même.

L'établissement des grandes divisions stratigraphiques ne peut se faire avec sûreté que si aux principes qui viennent d'être exposés on adjoint une méthode plus générale. C'est ainsi que l'on a été conduit à la considération des flores et des faunes pour établir le synchronisme des assises stratigraphiques.

Caractères paléontologiques. — Toute assise sédimentaire contient, en général, les restes plus ou moins bien conservés des êtres qui ont existé pendant qu'elle se déposait. L'examen des *fossiles* permettra de caractériser chaque épisode avec une précision qui dépasse celle de la méthode stratigraphique. L'étude des fossiles, avec les indications données par la zoologie et la botanique, fournira, sur l'habitat des êtres disparus, comparé avec l'habitat des espèces similaires actuelles, de précieux renseignements sur la nature de l'eau, sa température, sa profondeur, et même s'ajoutera utilement aux caractères lithologiques fournis par l'examen stratigraphique pour reconnaître si le dépôt s'est opéré le long d'une côte ouverte ou au fond d'un golfe (1).

D'ailleurs, l'application du principe de continuité acquiert, par les fossiles, une extension considérable. Il est certain que les animaux qui vivent sur un fond vaseux, et ceux qui vivent sur un fond de sable, sont différents, mais les animaux nageurs ont indifféremment fréquenté les parages à fond de vase et à fond de sable, et les débris de ces animaux deviennent des *fossiles caractéristiques* dont la présence renforcera les hypothèses de synchronisme formulées sur des dépôts d'inégale nature. Ce critérium a en outre l'avantage d'être applicable à des assises géographiquement très éloignées les unes des autres.

Il est important de remarquer que l'existence de la masse océanique a été continue. Si, à l'époque actuelle, la mer couvre les trois quarts du globe terrestre, son étendue, aux époques antérieures, a été plus considérable encore. De plus, la surface du globe terrestre a subi une modification progressive qui l'a fait passer de l'uniformité tropicale des premières époques, à la variété des climats actuels.

(1) Pour la fossilisation, voir H. Girard, *Aide-mémoire de Minéralogie et de Pétrographie.*

Cette variation des conditions physiques s'est surtout fait sentir sur les animaux et sur les végétaux des continents et des océans, mais les faunes et les flores terrestres ont dû être influencées par des circonstances locales qui pouvaient offrir en divers points du globe des différences bien tranchées.

Dans les régions pélagiques, au contraire, les variations physiques n'ont pas été brusques, et si l'on recherche attentivement les types qu'il faut comparer entre eux, on parviendra à établir une série dont chaque terme caractérisera une époque. Un tel classement, fait d'après des espèces terrestres, offrirait un caractère de précision beaucoup moindre. C'est pourquoi, afin d'obtenir des divisions homogènes, il est préférable de baser les comparaisons sur des types de la faune pélagique.

La continuité du régime marin fournit à la paléontologie le moyen d'ordonner les séries stratigraphiques locales. Elle permet de résoudre les difficultés occasionnées par les failles et les dislocations du sol en identifiant, par les faunes, les tronçons aujourd'hui séparés d'une même assise. Enfin, lorsque deux couches, déposées dans des conditions analogues, et directement superposées présenteront des divergences très grandes dans leur faune, on en conclura que les époques de leurs dépôts ont été séparées par une lacune considérable.

Identification des assises. — Il est indifférent, pour l'identification des assises, que les faunes comparées soient pélagiques ou littorales, pourvu que les organismes qui servent à établir le synchronisme soient de même nature.

Pour l'établissement des divisions, on peut, quand on ne cherche pas à embrasser la surface entière du globe, les baser sur des types littoraux, plus répandus que les fossiles pélagiques. En ce cas, la valeur chronologique des divisions est d'un ordre moins élevé. L'identité de deux faunes littorales peut ne pas correspondre à des dépôts rigoureusement synchroniques, il y a seulement identité de conditions physiques. Or celles-ci peuvent cesser en un point et se transporter en un autre, amenant ainsi une migration des espèces animales. De la sorte, des groupes identiques représentent, non pas toujours des formations synchroniques, mais des formations *équivalentes*, parfois successives et dont l'une, en raison des conditions extérieures, a pu se prolonger au point considéré beaucoup plus longtemps que l'autre.

Principes de la division des sédiments. — Chaque série stratigraphique locale comprend des *lits*, *couches* ou *strates* que caractérisent la constance des fossiles qu'on y trouve et la constitution lithologique.

Assises. — Plusieurs couches possédant des caractères communs se grouperont en une *assise* dont la faune caractérise un *âge* déterminé. En général, on donne le nom de *zone* aux subdivisions homogènes des assises, et on désigne une zone par le nom du fossile dominant. Telle est, par exemple, dans le lias, la *zone à Avicula contorta*.

Une assise est, en réalité, la représentation d'un *épisode* sédimentaire dont les zones représentent les diverses *phases*.

Pour connaître complètement un épisode, il faudrait relever la surface occupée par l'assise et en pouvoir tracer les contours tels qu'ils étaient avant que les érosions en eussent fait disparaître une partie. En résumé, la reconstitution des anciens rivages maritimes ou lacustres jointe à l'épaisseur de l'assise permettrait d'apprécier complètement l'importance de la phase considérée de l'histoire géologique d'une contrée.

Étages. — En opérant de cette façon pour les diverses assises synchroniques, on établirait des cartes qui, à un simple examen, permettraient de reconnaître les époques où la géographie a subi les modifications les plus profondes, au moins sur une étendue notable du globe.

On réunit toutes les assises comprises entre deux époques et on en forme des divisions homogènes auxquelles on applique le nom d'*étages*. Les étages eux-mêmes subissent une division en *sous-étages*, dans les régions où des modifications géographiques intermédiaires ont été le plus prononcées.

A chaque étage correspond, de la sorte, un intervalle de temps auquel on donne le nom d'*époque*.

La reconstitution des rivages anciens n'a pu être faite avec certitude qu'en un très petit nombre de points, aussi le critérium géographique a-t-il souvent besoin d'être corroboré par des preuves paléontologiques. En effet, des changements importants dans la géographie d'une région influent sur les conditions physiques des mers voisines et introduisent des conditions capables d'influer sur la faune. Ces modifications portent surtout sur les faunes littorales; et c'est l'étude de celles-ci qui conduit à l'établissement de divisions concordant avec celles que la méthode stratigraphique a permis d'établir.

Systèmes. — La considération des étages amène à réunir en une division supérieure tous ceux qui sont compris entre deux phénomènes géographiques relatifs à de grandes parties du globe, ou bien entre l'apparition et la disparition d'un groupe caractéristique de la faune. Une pareille division porte le nom de *système*.

Les systèmes sont composés de telle sorte que chacun d'eux puisse être reconnu à peu près sur toute la surface du globe. Il correspond donc à une *période* de l'histoire de la terre.

Les limites d'un système seront encore moins précises que celles d'un étage, car les variations qui les définissent n'ont pas été instantanées. De plus, ces limites sont plus ou moins variables avec les régions ; ce qui signifie que la période correspondante n'a pas débuté, ni fini partout au même instant.

Groupes et séries. — Cette dernière observation est surtout applicable aux divisions géologiques résultant de la réunion de plusieurs systèmes, divisions auxquelles on donne le nom de *groupes ;* quelquefois il est nécessaire d'établir dans un groupe des assemblages intermédiaires de systèmes, auxquels on donne le nom de *séries*.

Un groupe géologique représente l'ensemble des sédiments qui se sont déposés pendant une *ère* déterminée.

Pour former un groupe il conviendra de se préoccuper surtout de l'organisation générale des faunes.

Si l'on applique ce principe, on décompose les temps géologiques en trois grands groupes qui sont : 1° le *groupe primaire*, 2° le *groupe secondaire*, 3° le *groupe tertiaire*.

Groupe primaire. — Les formations stratifiées de ce groupe renferment des types organiques très éloignés par leur constitution des types actuels. Les Vertébrés n'y sont représentés qu'à la fin et seulement par des Poissons et des Batraciens. Les Brachiopodes y sont très abondants et, vers la fin de l'ère, apparaissent des Mollusques céphalopodes à coquille enroulée précurseurs de l'importante famille des *Ammonoïdes*.

Groupe secondaire. — Le groupe secondaire contient dans ses assises stratigraphiques des formes animales qui préparent les formes actuelles. Les grands Reptiles sont prépondérants; les Mammifères Pantothériens y font leur apparition, tandis que la faune des mers est abondante en Mollusques céphalopodes, tels que les Ammonites et les Bélemnites.

Groupe tertiaire. — Ce groupe est caractérisé par une faune et une flore ne contenant plus guère que des types actuels. Les Mammifères y prennent une grande extension.

Ces trois groupes sont aussi désignés, parfois, suivant les caractères de leur faune : le groupe primaire est dit *paléozoïque*, le groupe secondaire est appelé *mésozoïque* et le groupe tertiaire prend le nom de *néozoïque*.

Quant à l'ère actuelle dite moderne ou *quaternaire*, elle est caractérisée par l'indiscutable apparition de l'homme sur la terre.

Terrain primitif. — Pour embrasser à la fois l'ensemble de l'écorce terrestre, il faut placer en tête du groupe primaire une série de strates dont l'origine n'est pas exclusivement sédimentaire et qui forme le substratum commun de toutes les autres formations. C'est le *terrain primitif*, nommé aussi *groupe* ou *système archéen*. Son individualité est très homogène et il représente soit une première assise de consolidation, soit le résultat d'un métamorphisme puissant subi par les sédiments les plus anciens. On n'y a découvert aucune trace d'organisme, ce qui le fait désigner souvent sous le nom de *groupe* ou *terrain azoïque*. C'est par son étude que l'on doit commencer l'examen de l'écorce terrestre, puisqu'il supporte toute l'épaisseur des formations stratifiées.

CHAPITRE II

TERRAIN PRIMITIF

Formation du terrain primitif. — La terre en passant de la phase stellaire à la phase planétaire a subi un refroidissement qui a consolidé une écorce sur toute sa surface.

On admet que la formation de cette écorce a eu lieu de la façon suivante : Les parties légères de la masse en fusion étaient composées des substances les plus réfractaires et les métaux légers qui s'y mêlaient, étant aisément oxydables, s'unissaient à la silice et à l'alumine. La pèrte de chaleur par rayonnement allant en augmentant, une sorte d'écume siliceuse se solidifiait par place, et les premières plaques solides s'enfonçaient par suite de leur poids dans la masse fondue jusqu'à une zone où la densité de la nappe fût égale à celle de la masse solide. Celle-ci subissant une nouvelle fusion au moins partielle, la chaleur des masses avoisinantes diminuait et cet effet, produit sur toute la masse du globe à la fois, amena à un moment donné la solidification en masse d'une écorce composée du mélange des métaux les plus légers.

Avant cette solidification, l'eau des océans existait, à l'état de vapeur, dans l'atmosphère primitive dont la pression considérable a eu, sans doute, une action marquée sur le mode de solidification de l'écorce primitive. Cette eau contenait en vapeur les chlorures et les fluorures alcalins fixés actuellement dans l'écorce.

Dès que la croûte primordiale a été formée ces matériaux volatils séparés du foyer de chaleur ont commencé à se condenser et cette eau chaude riche en principes actifs a eu évidemment une action de cristallisation considérable. Il s'est donc effectué un remaniement chimique et mécanique, la pesanteur devant facilement déterminer dans ce milieu liquide une stratification. De plus, comme dans toutes les masses hétérogènes douées de mobilité, il s'établissait des phénomènes de concentration moléculaire, de sorte qu'il a dû s'établir une séparation plus ou moins complète des divers éléments en amas lenticulaires horizontaux. Ces masses, peu résistantes au début, ont été, à chaque instant, modifiées par des injections de masses liquides ou pâteuses sous-jacentes.

La complexité de ces diverses circonstances explique la structure à la fois cristalline et stratiforme des parties primordiales de l'écorce, ainsi que la prédominance des éléments acides.

Partout où la configuration du sol permet de traverser la série des terrains véritablement sédimentaires, on voit que ceux-ci reposent sur un ensemble cristallin et stratiforme très différent des masses éruptives, et d'origine externe.

Malgré la multiplicité apparente des roches qui la composent, cette formation présente partout une uniformité de composition remarquable. C'est par excellence le terrain des *gneiss* et des *micaschistes* avec les diverses variétés qu'ils comportent (1). Ces assises profondes ont toujours la même homogénéité et on ne peut pas y établir de divisions en bassins distincts. Ce fait suffit à marquer une distinction entre le terrain primitif et ceux dont il forme le soubassement. En plus, l'ordre de succession des roches primitives est aussi très constant et indépendant de la région où on l'étudie.

(1) Voy. H. Girard, *Aide-mémoire de Minéralogie et de Pétrographie*.

Régions françaises. — En France, le terrain primitif forme deux massifs d'une grande importance. Le premier est le massif armoricain, le second le Plateau Central avec le Morvan et les Cévennes.

Les gneiss se montrent encore sur divers points dans les Pyrénées, dans les Alpes dauphinoises, dans la région des Maures et dans les Vosges.

MASSIF ARMORICAIN. — L'Armorique est formée d'une bande de sédiments primaires orientée de l'Est à l'Ouest et placée au fond d'une dépression qu'encadrent deux bandes du terrain primitif.

La bande du Nord forme le plateau septentrional de la Bretagne ; elle comprend la région de Saint-Brieuc et de Morlaix, le Léon et les environs de Brest. La bande du Sud, ou plateau méridional, s'élargit vers le Sud-Est, et va de la baie d'Audierne à Nantes (Barrois).

Le gneiss armoricain peut se diviser en deux étages.

L'étage inférieur, le plus constant, et le mieux développé, est formé de gneiss granitoïdes glanduleux, rubanés, que les éruptions granitiques ont, par place, beaucoup modifiés.

L'étage supérieur est formé de *gneiss feuilleté* à mica noir alternant avec des *pyroxénites* et des *kersantites* stratiformes.

Parmi ces gneiss, les *micaschistes* abondent. Le micaschiste est par excellence la roche du terrain primitif breton, mais il passe souvent au *gneiss* et au *quartzite* (Barrois).

PLATEAU CENTRAL. — L'étage inférieur est formé de gneiss granitoïdes visibles dans la vallée de la Corrèze. Les couches micacées sont minces et on n'y observe ni *amphibolites*, ni *serpentines*. Au-dessus, viennent les gneiss glanduleux d'abord, puis granitoïdes, ensuite avec de vastes et minces lentilles d'*amphibolites*. Ensuite apparaissent des *gneiss gra-*

nulitiques et des *micaschistes* avec des *amphibolites* et des nappes de *leptynite*. Les *micaschistes* surmontent le tout, et supportent la base des assises précambriennes.

En divers points du Plateau Central, le gneiss schisteux, passant au micaschiste, contient des gisements de *cipolin;* ce calcaire micacé est une roche qu'il est difficile de ne pas considérer comme contemporaine du gneiss.

Morvan. — On reconnaît, dans le Morvan, deux étages de gneiss, l'un inférieur, granitoïde ; l'autre supérieur, grenu, avec *leptynite*.

Cévennes. — Le terrain primitif des Cévennes comprend un système de gneiss et de micaschistes d'une grande puissance, surmonté par des *talcschistes*. Le gneiss est granitoïde au contact du granit, il devient ensuite glanduleux et alterne avec des couches de *leptynite*, auxquelles succèdent des micaschistes. Dans cette série, les cipolins font défaut; ils sont, d'après quelques auteurs, remplacés par des *amphibolites*.

Pyrénées. — Les *cipolins* sont intercalés aux gneiss dans les Basses-Pyrénées. La série du terrain primitif se termine, dans ces régions, par des gneiss feuilletés ou grenus avec *leptynites*, *amphibolites* et *cipolins*.

Terrain primitif en Europe. — La même série du terrain primitif s'observe dans les diverses régions de l'Europe.

Grande-Bretagne. — Le terrain primitif de la Grande-Bretagne est représenté par le *gneiss des Hébrides* auquel on a donné le nom d'*étage léwisien*. C'est une roche entièrement cristalline et qui ne renferme aucun indice d'éléments détritiques. Ce gneiss contient des enclaves de *gabbros*, de *diorites*, de *péridotites*, traversées par des *pegmatites*.

Scandinavie. — En Suède, les formations archéennes comprennent deux variétés de gneiss : à la base, le gneiss à magnétite, et au-dessus le gneiss gris à grenat, contenant des amphibolites.

En Norvège, le terrain primitif débute par un gneiss glanduleux auquel succède un gneiss gris franc. On observe en outre des *micaschistes*, des *gneiss* à *amphibole*, des *amphibolites* et de l'*éclogite*. Au-dessus du gneiss, viennent des assises de *quartzites* et d'*amphiboloschistes*.

Bavière, Bohême, Saxe, Espagne. — Les autres régions européennes telles que la Bavière, la Bohême, la Saxe, les régions alpines, l'Espagne, montrent une disposition semblable du terrain primitif.

Eozoon. — En étudiant des calcaires serpentineux

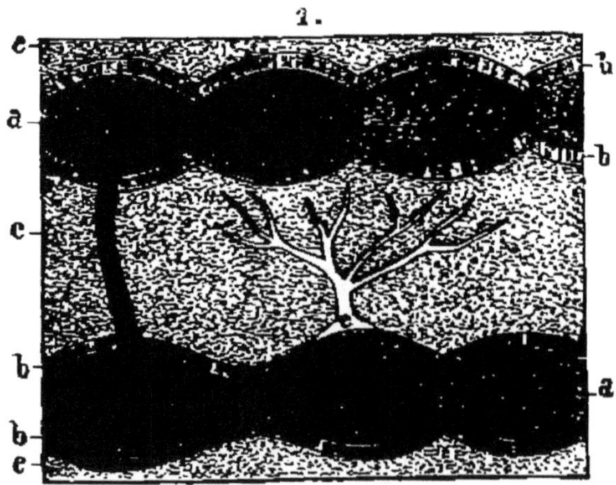

Fig. 3. — Coupe de l'*Eozoon* (d'après Carpenter). — *a*, serpentine ; *b*, muraille fibreuse ; *c*, calcaire compact ; *e*, canal ramifié.

provenant des calcaires intercalés au terrain primitif du Canada, on a cru découvrir des traces de structure organique appartenant à un Foraminifère qui avait reçu le nom d'*Eozoon canadense* (fig. 3).

Plusieurs formations analogues découvertes en Bohême, en Bavière, en Espagne, dans des terrains analogues, avaient fait admettre par un certain nombre de géologues l'existence probable d'une faune primordiale.

Aujourd'hui, une étude minutieuse de l'*Eozoon* a conduit les géologues à le considérer comme une formation minéralogique capable de se produire dans tous les mélanges de *calcite*, avec du *pyroxène* ou de la *serpentine*.

Les partisans de la faune archéenne ont pour la plupart abandonné leur hypothèse et l'on admet que le terrain primitif, dépourvu de restes organiques, doit conserver le nom d'*azoïque* qui lui a souvent été donné (A. de Lapparent).

DEUXIÈME PARTIE

FORMATIONS SÉDIMENTAIRES DU GROUPE PRIMAIRE

Division du groupe primaire. — On range dans le *groupe primaire* les dépôts détritiques qui se sont accumulés depuis la consolidation de l'écorce primordiale jusqu'au moment où l'atmosphère, purifiée par le développement d'une végétation terrestre puissante, est devenue propre à la vie d'animaux à respiration aérienne.

L'ère primaire a été divisée en cinq périodes.

Division du groupe primaire.

Traces de la vie organique peu nombreuses consistant en empreintes peu nettes et en tubes d'*Annélides sédentaires*..........	Période précambrienne.
Grand développement d'organismes marins : *Brachiopodes*, *Céphalopodes tétrabranchiaux*, *Trilobites*. Peu ou pas de végétaux terrestres..........................	Période silurienne.
Apparition des premiers *Vertébrés : Squaloïdes*, *Proganoïdes*, *Crossoptérygiens*, etc. Faune des *Invertébrés* peu différente de la précédente. Végétation terrestre plus abondante..........................	Période dévonienne.
Continuation du développement des *Poissons*. Apparition des *Batraciens stégocéphales : Branchiosauriens*, *Aistopodes*, *Microsauriens*, *Stéréospondyles*. Décroissance des *Céphalopodes tétrabranchiaux*. Augmentation des *Goniatitidés*. Diminu-	

tion des *Trilobites*. Développement maximum des *Spiriféracés*, *Productacés* et *Térébratulacés*. Végétation puissante : abondance de *Cryptogames vasculaires* et de *Gymnospermes*....................	Période carboniférienne.
Le développement des *Poissons* et des *Batraciens stégocéphales* se poursuit. Les *Reptiles théromorphes* apparaissent. Diminution des *Céphalopodes tétrabranchiaux*. Les *Goniatitidés* se maintiennent, les *Latisellés* apparaissent. Les *Spiriféracés* et les *Térébratulacés* diminuent, les *Productacés* atteignent leur maximum. Peu de Trilobites. Abondance des *Gymnospermes*, des *Fougères* et des *Équisétinées*........	Période permienne.

CHAPITRE PREMIER

SYSTÈME PRÉCAMBRIEN

Caractères de la période précambrienne. — Les dépôts précambriens sont des *phyllades*, c'est-à-dire des *schistes à éléments cristallins* avec microlithes de *tourmaline*, de *staurotide* et d'autres minéraux. Avec les phyllades, on trouve des quartzites, des poudingues et des calcaires impurs non fossilifères.

Restes organiques. — On n'a guère retrouvé que des traces d'Annélides, décrites sous le nom d'*Arénicolites*. Tous les autres restes décrits comme *Spongiaires* ou *Cœlentérés* sont contestables.

Types français. — Le système précambrien est bien développé dans plusieurs régions de la France, principalement dans l'Ouest, et sur le Plateau Central.

Cotentin. — Dans le Cotentin, le système est représenté par les phyllades de Saint-Lô, schistes grossiers d'un gris bleuâtre ; ils alternent avec des grauwackes ou des arkoses felsdpathiques. Les phyllades se montrent en couches verticales. Leur surface est fréquemment transformée en argile. Ils deviennent maclifères au voisinage des granites qui transforment les arkoses en leptynolites.

Les vestiges organiques sont rares dans les phyllades du Cotentin. Ce sont des empreintes de *Néréites* et d'*Arénicolites*.

Aux environs de Granville, le précambrien se montre formé de schistes grossiers, de grauwackes, avec bancs de poudingues où l'on trouve des galets de granite et de porphyre pétrosiliceux. Les phyllades proprement dits sont plus rares qu'à Saint-Lô. Le système est formé de la même manière à Granville, où la formation s'est terminée par des éruptions de felsophyres et de porphyrites.

ARMORIQUE. — Dans l'Armorique orientale, le système précambrien est représenté par les *schistes de Rennes*, dans lesquels on distingue trois assises : 1° à la base, des schistes d'un gris verdâtre terreux ; 2° des schistes roses ; 3° des schistes verts en grandes dalles.

On trouve en outre, dans ces trois assises, des poudingues, des arkoses, de minces lits de calcaire, quelquefois saccharoïdes, souvent siliceux ou magnésiens.

Dans l'Armorique occidentale, les dépôts précambriens se sont déposés dans le détroit que limitaient les bandes archéennes de la Bretagne septentrionale et de la Bretagne méridionale, ils ont formé les *phyllades de Douarnenez* (Barrois) très sériciteux, avec bancs de quartzites et filons de quartz.

A la partie inférieure des phyllades, on trouve, généralement, des argilites, des grauwackes et des arkoses reposant sur des schistes à séricite d'origine archéenne. A la partie supérieure, on observe des poudingues à petits galets de quartz. On a décrit dans les phyllades des *Arénicolites* (*A. Kenta*) et des *Oldhamia*, ces derniers plus problématiques.

Plateau Central. — Le système précambrien est bien représenté sur le versant occidental du Plateau Central, dans les districts de Tulle et de Brives. On y observe de bas en haut :

1° Des schistes séririciteux verts avec quartzites; 2° des phyllades verts avec ardoises (*phyllades de Donzenac*); 3° des argilites (*argilites de la Bachellerie*).

Des filons de granulite traversant les phyllades leur donnent l'apparence de gneiss (Michel-Lévy).

Types européens. — Le système précambrien présente, en Europe, et en dehors de l'Europe, la même constitution et la même pauvreté en débris organiques.

Grande-Bretagne. — Les géologues anglais reconnaissent trois étages au système précambrien : le *dimétien*, l'*arvonien* et le *pébidien*. Le premier est composé de roches éruptives granulitiques; mais les deux autres sont nettement stratifiés.

Scandinavie. — En Norvège, la série des roches primitives est surmontée par des matériaux détritiques auxquels on a donné le nom de *formation sparagmitique*. Ce sont des conglomérats, des brèches, des grès, des quartzites, des arkoses et des grauwackes.

Cet étage n'a encore fourni aucun fossile. A divers niveaux, on y trouve des schistes argileux et, à la base, notamment, une assise calcaire dite *calcaire de Birid*.

Bohême. — En Bohême, les couches précambriennes sont celles qui ont été décrites depuis longtemps déjà sous le nom d'*étage B* (Barrande), qui reposent sur les schistes archéens ou *étage A*. Ils sont formés par les *schistes argileux de Mies* et la *grauwacke de Przibram*. Cette dernière, qui contient souvent des conglomérats, renferme des tubes d'*Arénicolites*.

Types américains. — Le précambrien de l'Amérique septentrionale est subdivisé en deux étages : le *huronien*, à la base, et le *keweenawien* à la partie supérieure.

Le *huronien*, qui repose en discordance sur le *laurentien* (système archéen de l'Amérique du Nord), se compose de quartzites, de grès, de schistes ferrugineux et micacés. A sa partie supérieure, le huronien contient des minerais de fer : des magnétites à olivine, des hématites avec dolomie, et une magnétite titanifère.

Le *keweenawien* repose en discordance sur le huronien. Cet étage comprend toute la *série cuprifère* du lac Supérieur. C'est une série de sédiments clastiques, de grès et de conglomérats avec des nappes éruptives de diabases, de mélaphyres, de porphyres et de granites atteignant une grande puissance. Le cuivre natif est très abondant dans ces dépôts et apparaît en filons ou en nids disséminés dans les diabases, les grès et les conglomérats. Il remplace parfois, dans ceux-ci, les cailloux feldspathiques.

CHAPITRE II

SYSTÈME SILURIEN

Caractères de la période silurienne. — Durant la période silurienne, la vie organique s'est largement manifestée depuis la riche faune des *Crustacés* nommée anciennement *faune primordiale* (Barrande) jusqu'à l'apparition des premiers *Vertébrés* (*Squaloïdes*). On observe, dans les sédiments siluriens, des grès, des conglomérats, des argiles, des schistes et des calcaires. Dans les régions où rien n'est venu troubler l'assiette primitive des couches, celles-ci ont conservé une composition qui ne permet pas de les distinguer de formations plus modernes (A. de Lapparent).

Lorsque l'élément cristallin apparaît, il est toujours facile d'en reconnaître l'origine, soit dans une roche qui s'est épanchée dans le voisinage, soit dans un métamorphisme mécanique déterminé par les dislocations qu'a subies le terrain environnant.

Il est donc admissible qu'au début de la période les océans avaient acquis une constitution très analogue à celle qu'ils possèdent actuellement. Leur étendue était d'ailleurs très considérable, et la division en bassins était, d'après la distribution géographique des faunes, fort peu accentuée.

Toutefois des phénomènes de localisation se font sentir. Du pays de Galles à la Bohême, l'Europe est traversée par une bande silurienne à faune variée et au Nord de cette bande, de l'Écosse à la Scandinavie, s'étend une deuxième bande présentant toutes les divisions de la première et pourtant presque uniquement composée de schistes à *Graptolites* (1).

A son début, la faune silurienne ne comprend guère que des espèces littorales, mais elle comprend ensuite des espèces qui vivent dans les grands fonds. Toutefois, les formations de plages dominent encore comme le prouve l'étendue considérable qu'occupent les diverses sortes de sédiments. L'étude de ces dépôts conduit à admettre l'existence de rivages instables, constamment modifiés par l'action de la mer.

Malgré cette instabilité, il est possible, en bien des points, de reconnaître, au grain des dépôts arénacés, la place des rivages et l'on voit s'esquisser les premières masses continentales. Ainsi, on reconnaît avec certitude, dans l'hémisphère Nord, une terre qui, par l'Écosse, s'étendait de la Finlande jusqu'aux limites du Canada. Au Sud de cette terre, le faciès pélagique

(1) Voir à propos des familles qui seront énumérées dans la suite, H. Girard, *Aide-mémoire de Paléontologie*.

domine. Ce n'est qu'à la fin de la période qu'on voit apparaître des plantes terrestres.

Faune. — *Rhizopodes.* — Les Foraminifères ne sont pas abondants; ce sont des *Astrorhizidés* (*Girvanella*), des *Lagénidés* (*Lagena*), qui ont été découverts dans les couches supérieures.

Spongiaires. — Les débris de Spongiaires sont aussi assez rares, on connaît des *Lithistidés* (*Aulocopium*), des *Lyssacinés* (*Protospongia*) et peut-être des *Dictyoninés.*

Cœlentérés. — Ils sont représentés par des *Stromatoporoïdes* (*Clathrodictyon*), des *Calyptoblastes* (*Graptolites*) très abondants vers la fin de la période, des *Tétracoralliaires* (*Stauria*, *Paleocyclus*, *Omphyma*, *Cyathophyllum*) et les Cœlentérés aberrants, tels que les *Favosites*, les *Héliotitidés* et les *Monticuliporoïdes.*

Échinodermes. — Le plus grand nombre des *Cystidés*, beaucoup de *Blastoïdes*; les *Haplocrinacés*, les *Sphæroïdocrinacés*, les *Ichtyocrinacés*, ont été découverts dans le silurien; le *Cystocrinoïdes* n'ont été découverts dans aucune autre période.

Les seuls représentants des *Échinides* sont les *Monoplacidés* (*Bothriocidaris*); parmi les *Astéroïdes*, les *Encrinastéridés* (*Paleaster*) et les *Protophiurides* (*Protaster*) sont abondants dans toutes les assises siluriennes.

Vers. — L'embranchement des Vers est représenté par une extraordinaire abondance de *Brachiopodes*: les *Lingulacés*, les *Discinacés*, les *Productacés*, les *Térébratulacés* sont très répandus.

Mollusques. — Les *Gastéropodes* sont assez rares. Ce sont des *Diotocardes Hétéronéphridiés* (*Oriostoma*, *Trochonema*) et *Homonéphridiés* (*Euomphalus*, *Bellerophon*, *Euomphalopterus*, *Murchisonia*), des *Ténioglosses Rostrifères* (*Loxonema*); parmi les *Ptéropodes*, la famille remarquable des *Conularidés.*

Les *Lamellibranches* sont surtout représentés par les *Paléoconques* (*Vlasta*, *Antipleura*, *Præcardium*, *Cardiola*), les *Taxodontes* et les *Aviculacés*.

Enfin, les *Céphalopodes* sont représentés par des *Tétrabranchiaux* (*Orthoceras*, *Endoceras*, *Cyrtoceras*, *Discosorus*, *Glossoceras*, *Poterioceras*, *Gomphoceras*).

Articulés. — Les *Articulés*, fossiles caractéristiques des assises siluriennes, sont des *Branchiaux* complètement éteints, appartenant à la sous-classe des *Trilobites*. Ce sont les genres *Paradoxides*, *Olenellus*, *Olenus*, *Ellipsocephalus*, *Agnostus*, *Conocephalites*, *Sao*, *Calymene*, *Dalmanites*, *Asaphus*, *Ogygia*, *Illænus*, *Homalonotus*, *Acidaspis*, *Trinucleus*.

Les *Euryptéridés* (*Eurypterus*, *Pterygotus*), les *Hémiaspidés*, et les *Ostracodes* (*Primitia*, *Callizoe*, *Aristozoe*), représentent encore le sous-embranchement des *Crustacés*.

Les *Trachéens* sont représentés par le *Paleophonus* et le *Proscorpius*, voisins des *Scorpionidés* actuels, et les premiers des animaux aériens connus.

Vertébrés. — Dans les couches moyennes du système silurien, on trouve des dents, des plaques osseuses et des fragments de gaine calcifiée de notochorde ayant appartenu à des *Poissons*. On trouve aussi parfois des empreintes de peau rappellant la peau des *Sélaciens*. Dans des assises moins anciennes, en Angleterre, en Galicie, dans les provinces Baltiques et en Pensylvanie, on a retrouvé des restes de *Proganoïdes* (*Pteraspis*, *Cyathaspis*, *Cephalaspis*, *Placodermes*). Ce sont les seuls Vertébrés de la période silurienne.

Flore. — La flore silurienne est pauvre, les terres émergées, basses et battues par les flots, ne permettaient pas à une flore de prendre naissance. On a retrouvé des ***Filicinées Hétérosporées*** ou ***Hydroptéridées*** (***Psilophyton***, ***P. cornutum***, ***P. gracillimum*** des couches de Cincinnati) et des végétaux voisins des *Équisétacées* (*Annularia*, *Sphenophyllum*).

Division en étages. — Le système silurien se divise de bas en haut en trois étages : *cambrien*, *ordovicien*, *gothlandien*.

Aucune division en sous-étages n'a été adoptée pour l'ordovicien et le gothlandien. Le cambrien seul a été subdivisé en *géorgien*, à la base, caractérisé par les *Trilobites* du genre *Olenellus ; acadien*, au milieu, où sont cantonnés les *Paradoxides*, et *postdamien*, au sommet, gisement des *Olenus* (A. de Lapparent).

Le système silurien se montre très bien développé en Angleterre dans le Shropshire et dans le pays de Galles; en Scandinavie et dans l'Amérique du Nord.

En Angleterre, dans le pays de Galles et dans le Shropshire, le système silurien est entièrement et complètement représenté.

Les caractères des étages anglais sont considérés comme typiques.

Grande-Bretagne. — Étage cambrien. — Dans le pays de Galles, le sous-étage *gécrgien* débute par les couches de *Caerfai* dont les plus inférieures comprennent un conglomérat quartzeux supportant des schistes verts avec traces d'*Annélides*, ces schistes sont surmontés de schistes rouges contenant des *Brachiopodes* (*Lingulella*, *Discina*) ; au-dessus, viennent des grès pourprés, dans lesquels on ne trouve que des *Annélides*.

Aux couches de Caerfai succèdent les couches de *Solva*, comprenant trois horizons : 1° des grès à *Paradoxides Harknessi ;* 2° des schistes verts et rouges à *Paradoxides solvensis ;* 3° des roches schistoïdes grises à *Paradoxides aurora*. Le *ménévien* qui surmonte les couches de Solva, comprend : 1° une couche à *Paradoxides Hicksi ;* 2° une couche à *Paradoxides Davidis ;* 3° des schistes et des grès à *Orthis Hicksi*.

La partie supérieure de l'étage cambrien n'est pas nettement visible dans le pays de Galles, mais on la trouve dans le Merionetshire. Dans cette région, les couches de Solva sont représentées par une puissante assise de grès dite grès de Harlech qui supporte des schistes ménéviens à *Paradoxides*. Au-dessus, s'observent trois horizons des dalles à *Lingulella Davisi* ou *Lingula-flags*, supportant enfin des grès gris schisteux à *Conocoryphe depressa* et *Dictyonema sociale* qui constituent l'assise de Trémadoc.

Dans le nord du pays de Galles, les couches de Caerfai sont représentées par les ardoises rouges de Llamberis et de Penrhyn, ces ardoises reposent sur un conglomérat qui couronne le précambrien.

L'assise de Trémadoc qui termine ainsi l'étage cambrien renferme des Trilobites de la faune dite primordiale, c'est-à-dire des *Olenellus*, des *Paradoxides*, des *Olenus*, des *Agnostus*, des *Ellipsocephalus*, des *Conocoryphe*, etc., associés aux *Dalmanites*, aux *Calymene*, aux *Illœnus*, aux *Trinucleus*, aux *Asaphus*, aux *Homalonotus* de la faune dite seconde.

Étage ordovicien. — Ce mélange de faunes acadienne et géorgienne se retrouve dans l'assise d'Arenig qui contient quelques *Lamellibranches* et beaucoup de *Graptolites*. Cette assise d'Arenig, par laquelle débute l'étage ordovicien, est divisible en trois zones. La plus inférieure est riche en *Graptolites*, la moyenne contient surtout *Ogygia peltata*, et la supérieure des *Illœnus*.

Dans l'assise de Llandeilo, qui représente la zone moyenne de l'étage ordovicien, la faune seconde se montre sans mélange. Ses principaux fossiles sont : *Asaphus tyrannus*, *Ogygia Buchi*, *Trinucleus Caractaci*, *Orthoceras mendax*, *Paleaster Caractaci*, *Murchisonia simplex*, *Euomphalus corndensis*.

A l'assise de Llandeilo succède le calcaire de Bala

où les débris de Cystidés sont fréquents, et le grès de Caradoc avec *Calymene*, *Orthis*, *Trinucleus*, *Bellerophon*.

Étage gothlandien. — L'assise de Caradoc est couronnée par des schistes, dans lesquels abondent les *Graptolites : Monograptus turriculatus*, *Rastrites peregrinus*, *Diplograptus palmeus*. Ces schistes sont surmontés par les calcaires de Llandovery à *Conchidium* (ou *Pentamerus*) : *C. oblongum*, *C. galeatum*, etc., qui s'y trouvent avec des *Calymene*, des *Trinucleus*, des *Illænus* et d'autres *Trilobites* de la faune seconde.

Les calcaires de Llandovery supportent le calcaire Woolhope à *Illænus*, *Homalonotus*, *Strophonema*, *Rhynchonella*, qui est intimement uni aux schistes de Wenlock dans lesquels des *Brachiopodes* (*Orthis*), des *Mollusques* (*Cardiola*, *Orthoceras*) sont associés à des *Trilobites* et à des *Graptolites;* les schistes de Wenlock constituent la zone moyenne de l'assise de Wenlock, laquelle se termine par un calcaire rempli de Polypiers et de Crinoïdes. On y trouve des Trilobites de la faune seconde (*Calymene*, *Dalmanites*, *Homalonotus*), des *Conchidium*, des *Strophonema*, des *Cyathocrinus*, des *Crotalocrinus*, des *Favosites*, des *Halysites*, des *Paleocyclus*, etc.

Le silurien anglais se termine par l'assise de Ludlow formée de schistes argileux contenant des *Orthoceras*, des *Céphalopodes* enroulés, des *Graptolites* et des débris de *Pteraspis*, le plus ancien Poisson fossile d'Europe. Au-dessus des schistes, on observe le calcaire d'Aymestry renfermant les derniers Graptolites et beaucoup de Brachiopodes, puis le *Tilestone* ou grès de Downton qui renferme les fossiles des schistes de Ludlow et se termine par une couche à ossements (*bone-bed*) dans lesquels on trouve les restes de *Pteraspis* et d'autres *Placodermes* associés à des grands Crustacés, tels que *Pterygotus* et *Eurypterus;* des plantes terrestres du groupe des Filicinés Hétérosporées y ont été découvertes.

Immédiatement au-dessus du grès de Downton vient le vieux grès rouge (*old red sandstone*) qui est l'une des premières assises dévoniennes.

Assises siluriennes en Angleterre.

Silurien.	Gothlandien.	Assises de Ludlow	Grès de Downton. Calcaire d'Aymestry. Schistes de Ludlow.
		Assise de Wenlock	Calcaire de Wenlock. Schistes de Wenlock. Calcaire de Woolhope.
		Assises de Llandovery	Calcaire à *Conchidium*. Schistes à *Graptolites*.
	Ordovicien	Assise d'Arenig	Couches d'Arenig et de Skidaw, à *Graptolites*.
		Assise de Llandeilo	Schistes à *Ogygia Buchi*.
		Assises de Caradoc	Grès à *Trinucleus*. Calcaire de Bala à *Cystidés*.
	Cambrien	Postdamien	Lingula-flags. Assises à *Olenus* (Trémadoc).
		Acadien	Assise à *Paradoxides*. Schistes ménéviens à *Paradoxides*. Grès et schistes de Solva. Grès de Harlech.
		Géorgien	Couches de Caerfai à *Olenellus* et à *Annélides*, et couches de Llamberis. Conglomérats quartzeux.

Régions françaises. — En France, le série des assises cambriennes et gothlandiennes est moins complète. En prenant pour type le système silurien en Angleterre, le tableau suivant donnera une idée du synchronisme entre les assises dans ce pays et celles des principaux points de la région française.

Assises siluriennes de France.

		ANGLETERRE	RÉGION FRANÇAISE			
		Shropshire. Pays de Galles.	*Normandie.*	*Armorique.*	*Ardennes.*	*Pyrénées.*
GOTHLANDIEN		Grès de Downton. Calcaire d'Aymestry. Schistes de Ludlow. Assise de Wenlock. Assise de Llandovery.	Calcaire de Feuguerolles. Ampélites à *Graptolites.*	Schistes de Martigné. Calc. de la Meignanne. Ampélites d'Andouillé. Ampélite de Poligné. Phtanites à *Graptolites.*	Schiste de Fosse. Schistes de Naninne. Quartzites et schistes de Grand Manil.	Ampélites à *Cardiola.* Schistes à *Graptolites* (Sentein). Schistes à *Trinucleus* (Sentein).
ORDOVICIEN		Assises de Caradoc et de Bala. Assise de Llandeilo. Assise d'Arenig.	Schistes à *Trinucleus.* Grès de May. Schistes à *Calymène.* Mine de fer Grès à *Tigillites.*	Schistes à *Trinucleus.* Calcaire de Rosau. Grès de St-Germain-sur-Ille. Schistes d'Angers. Mines de fer. Grès armoricain.	Schistes de Gembloux. Schistes de Huy-Statte.	Couches à *Echinosphærites* de Luchon. Couches argilo-calcaires à encrines. Couches de Cier, et de Guran. Sch. carburés de Lège. Schistes à *Graptolites* de la vallée d'Orle.
CAMBRIEN	Potsdamien.	Assise de Trémadoc à *Olenus.* Lingula-flags.	Arkoses feldspathiques.	Schistes rouges.	Phyllades salmiens. Phyllades de Revin.	Ardoises de Pales-de-Sajut.
	Acadien.	Assise à *Paradoxides.* Ménévien. Groupe de Solva.	Schistes et calcaires de la vallée de la Laize.		Ardoises de Deville.	Quartzites de Viella. Schistes du Haut-Salat.
	Géorgien.	Couches à *Olenellus.* Couches de Caerfai. Schistes de Llamberis. Conglomérats.	Poudingues pourprés.	Poudingues de Montfort-sur-Meu.	Ardoises de Fumay.	

Normandie et Armorique. — *Étage cambrien.* — L'étage cambrien débute, dans le Cotentin, par des poudingues pourprés reposant en discordance sur les phyllades précambriens. Les conglomérats sont, en général, grossiers avec de nombreux galets de roches granitiques et porphyriques.

Ils sont visibles dans la vallée de la Laize, aux environs de Falaise, de Granville et dans la Hague. Le poudingue pourpré supporte, en concordance, des schistes rouges, puis des calcaires, et enfin des schistes verts, que recouvre une formation rapportée à l'ordovicien (*grès armoricain*).

En Bretagne, à Montfort-sur-Meu (environs de Rennes), les phyllades précambriens supportent une puissante masse de ces poudingues. Au sommet, ils sont beaucoup plus fins qu'à la base et une transition s'établit de la sorte entre eux et les schistes rouges. On ne trouve ici aucune masse de calcaire.

Dans le Finistère, le cambrien débute aussi par des poudingues pourprés supportant des schistes rouges subordonnés à des schistes verts.

Dans le Maine, le cambrien débute par les poudingues pourprés d'Oigny à gros galets de quartz, de grès et de schistes, des calcaires siliceux et magnésiens leur font suite, comme dans le Cotentin, enfin viennent les grès blancs de Sainte-Suzanne que surmontent des brèches pétrosiliceuses, des arkoses feldspathiques, des psammites à *Lingula* et enfin les grès ferrugineux à Lingules de Blandouet. L'ensemble est surmonté par une formation ordovicienne, le *grès armoricain.*

Étage ordovicien. — L'étage ordovicien débute par le grès armoricain, qui forme, dans le Cotentin, les chaînes de rochers qui vont de Mortain à Bagnoles-de-l'Orne. Ce grès est blanchâtre, dur et compact, comme un véritable quartzite. Lorsqu'il est en contact avec le granite il forme une sorte d'arkose avec lydienne noire.

On trouve quelques fossiles dans les grès armoricains, des *Tigillites* (tubes d'Annélides) et des *Bilobites*. Les Tigillites sont assez abondants à Cherbourg sur la montagne du Roule, formée en grande partie par le grès armoricain. On trouve encore des *Lingulacés : Lingula Lesueuri*, *Dinobolus Brimonti*. Enfin, à sa partie supérieure, le grès armoricain a fourni un Trilobite, l'*Asaphus armoricanus*.

En Bretagne, outre les *Lingules*, les *Tigillites*, les *Bilobites* et les *Asaphus*, on trouve assez fréquemment des *Lamellibranches : Nuculana*, *Modiolopsis*, etc.

Ces considérations ont conduit les géologues à regarder le grès armoricain comme correspondant à l'Arenig d'Angleterre. Dans le Morbihan, à Coatquidam, l'assise de grès armoricain est assez chargée de fer oxydé pour donner lieu à une exploitation.

Dans le Cotentin, le grès armoricain supporte en concordance des schistes à *Calymene*. Cette assise débute par un minerai de fer hydroxydé, peu épais, et séparé du grès par des schistes durs. La faune des schistes est assez riche. Elle renferme des *Calymene* (*C. Tristani*, *C. Aragoi*), des *Dalmanites* (*D. Micheli*, *D. Phillipsi*), des *Asaphus*, des *Illænus*, des *Conularia*, des *Orthis*, des *Graptolites* et des *Crinoïdes*.

En Bretagne, le système des schistes superposé au grès débute par une zone ferrugineuse parfois fossilifère et contient un Trilobite aveugle, *Placoparia Zippei*. Le schiste à Calymène qui vient au-dessus, est fréquemment pyriteux; dans sa partie supérieure se développent des nodules argilo-siliceux très fossilifères, dans lesquels, outre les fossiles énumérés plus haut, on peut rencontrer des

Céphalopodes à coquille droite (*Endoceras*). Les schistes à Calymène se trouvent à Morgat, à Dinan, à Camaret, avec les fossiles habituels.

Dans l'Anjou, les couches à *Calymene Tristani* et à *C. Aragoi*, sont superposées aux ardoises de Trélazé, qui renferment à l'état déformé des Trilobites de grande taille; *Lichas Heberti*, *Illœnus giganteus*, *Asaphus Guettardi*, etc. Les ardoises reposent sur des grès et des schistes non fossilifères superposés aux minerais de fer reposant sur le grès armoricain.

D'après la faune, les géologues ont homologué les schistes à Calymène et les schistes ardoisiers d'Angers aux assises de Llandeilo.

Dans la vallée de la Laize, les schistes à Calymène, qui sont très épais, supportent un grès rose ou gris en couches plus minces que le grès armoricain, c'est le grès de May qui renferme des *Dalmanites*, des *Homalonotus*, des *Conularia* et des *Lamellibranches*. Ce grès, mélangé de couches schisteuses à Patigny-Sourmont, correspond à un ensablement du fond de la mer à Calymène. On le retrouve aux environs de Cherbourg et de Domfront.

En Bretagne, les grès de Saint-Germain-sur-Ille, présentent une faune analogue, et dans la rade de Brest, le calcaire de Rosan à *Orthis* est regardé comme appartenant au même horizon.

Près de Cherbourg, les grès et les psammites correspondant au grès de May supportent des schistes à *Trinucleus ornatus*. Cette assise est représentée en Bretagne par des schistes où abondent *Trinucleus ornatus*, *T. Pongerardi*.

Les assises de schistes à *Trinucleus* sont regardés comme homologues des couches de Caradoc et de Bala.

La terminaison des grès de May supporte des schistes assez chargés de matières charbonneuses pour passer à l'état d'ampélite. On y trouve des Graptolites (*Monograptus priodon*, *M. colonus*, *M. vomerinus*), des *Orthoceras* et des *Cardiola*. Ces ampélites se retrouvent, avec la même faune, à Saint-Sauveur-le-Vicomte et Yvetot.

Étage gothlandien. — A Feuguerolles (Calvados), les schistes ne passent pas à l'ampélite et contiennent des empreintes de *Nereites* et de *Graptolites*. Ces schistes sont surmontés par un calcaire ampéliteux qui renferme des *Orthoceras* (*O. originale*, *O. styloideum*, *O. subannulare*), des *Monograptus* (*M. priodon*), des *Cardiola* (*C. interrupta*), des *Crinoïdes*, des *Crustacés*, etc. Le calcaire de Feuguerolles termine, en Normandie, le système silurien.

En Bretagne, les schistes à *Trinucleus* supportent un grès sans fossiles, que surmonte l'ampélite de Poligné à *Monograptus* (*M. priodon* et *M. crassus*); cette ampélite se retrouve à Andouillé où elle représente, peut-être, un horizon moins ancien. Ces deux horizons sont probablement inférieurs à l'assise de Feuguerolles. Les mêmes schistes ampéliteux à *Monograptus*, à *Cardiola* et à *Orthoceras* s'observent dans la presqu'île de Crozon (Finistère).

Dans l'Anjou, les schistes supérieurs à *Calymene* sont surmontés par une assise de phtanites à Graptolites, qui doit être rapportée tout à fait à la base du gothlandien (assise de Llandovery), tandis que les calcaires de la Meignanne (environs d'Angers), à *Cardiola interrupta* et à *Orthoceras*, se rapportent avec les schistes de Martigné, de Thourie et de Crozon, à l'horizon de Feuguerolles; ils correspondent, probablement, aux schistes de Ludlow et aux calcaires d'Aymestry.

Ardennes. — En France, la région Ardennaise ne renferme que des assises cambriennes. C'est une assise de phyllades redressés et plissés dont l'ordre de superposition a été difficile à établir. A la base se trouvent les ardoises violettes de Fumay, puis viennent les schistes à pyrites de Revin, les ardoises de Deville, et les schistes à pyrites de Bogny (Gosselet) (fig. 4).

Les restes organiques sont assez rares dans ces assises. Les phyllades de Fumay ont fourni *Oldhamia antiqua* et *Nereites cambrensis* (des découvertes

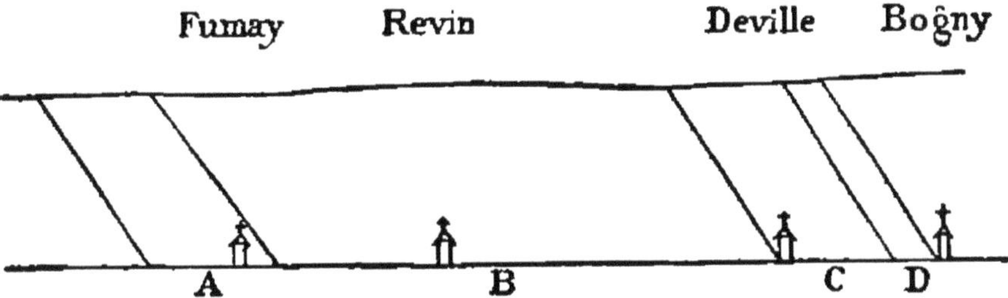

Fig. 4. — Coupe théorique du cambrien de la vallée de la Meuse (d'après M. Gosselet). — A, schistes violets de Fumay; B, schistes et quartzites noirs de Revin ; C, ardoises vertes aimantifères de Deville; D, schistes et quartzites noirs de Bogny.

récentes semblent prouver qu'il ne faut pas attribuer aux restes décrits sous le nom d'*Oldhamia* une origine organique); *Dictyonema sociale* (Hydroïde Calyptoblaste), *Eophyton Linneanum*, et des *Lingules*. Les ardoises de Fumay ont une ressemblance indiscutable avec celle de Llamberis, et les couches de Revin sont analogues aux Lingula-flags (Dewalque).

Les phyllades verts et violets qui constituent l'*étage salmien* ne sont pas fossilifères.

Les étages ordovicien et gothlandien du massif Ardennais appartiennent au Brabant et Condros ; l'ensemble comprend les zones suivantes :

1° A la base, des schistes noirs à *Didymograptus* (Huy-Statte et Port-Bernard).

2° Au-dessus les schistes pyritifères de Gembloux, avec *Orthis, Calymene incerta, Trinucleus setiformis.*

3° Les schistes de Grandmanil à *Monograptus*.

4° Ils sont surmontés par des quartzites et les psammites de Grandmanil à *Graptolites*.

5° Par-dessus ces derniers, viennent les schistes de Namurie à *Graptolites, Cardiola interrupta* et *Orthoceras*.

6° Enfin les schistes de Fosse à *Retiolites* et à *Cardiola interrupta*.

Pyrénées. — *Étage cambrien*. — Est représenté par les schistes argileux et ardoisiers du Haut-Salat, auxquels correspondent, dans la vallée supérieure de la Garonne, les quarzites de Viella, que surmontent les ardoises de Pales de Sajut.

Étage ordovicien. — Les schistes de Lège et de la vallée d'Orle, riches en Graptolites, correspondent à l'assise d'Arenig. L'ordovicien se complète par des argiles et des calcaires à encrines, et par les schistes de Cleret de Guran. Une grauwacke calcaire à *Echinosphærites* termine à Luchon et à Montauban l'étage ordovicien.

Étage gothlandien. — Débute par les schistes à *Trinucleus* de Sentein, subordonnés à une série de schistes carburés, et d'ampélites riches en *Graptolites*, en *Retiolites* et contenant la *Cardiola interrupta*.

Ces ampélites sont aussi remplacées en certains points par des calcaires à *Orthoceras* et à *Monograptus*.

Dans le Languedoc, se trouve une série de schistes argileux reposant sur un grès à Annélides. Ces schistes renferment la faune primordiale de l'acadien. On y trouve des *Conocephalus*, des *Agnostus* et des *Paradoxides*. La faune à *Olenellus* n'a pas été retrouvée.

Ces assises, découvertes à Favayroles, près de Ferrols-la-Montagne, sont les seules, en France, où l'on ait rencontré des Trilobites cambriens (Bergeron).

Les autres étages du silurien se retrouvent dans l'est du Languedoc.

A Boutoury, on observe des couches à *Didymograptus*, *Calymene*, *Illænus*, *Agnostus*, correspondants à l'horizon d'Arenig.

Au-dessus, à Cabrières, se retrouve un grès très analogue au grès armoricain de Bretagne.

Les schistes verts qui surmontent ce grès renferment de grands Trilobites entourés de concrétions ou *nodules*. On retrouve encore au-dessus des calcaires ampéliteux à *Orthoceras* et *Cardiola interrupta*.

La faune de Cabrières se retrouve dans l'Aveyron, à Murasson, où des failles amènent les assises en contact avec des calcaires à *Orthoceras* du gothlandien. On doit donc admettre que la mer silurienne s'étendait, dans ces régions, jusqu'au Plateau Central couvrant la région des Corbières, où les schistes de Durban sont recouverts par des schistes noirs à *Orthoceras bohemicum*.

Types européens. — La série des assises siluriennes est encore bien représentée en Écosse et en Scandinavie.

Écosse. — L'étage cambrien est représenté dans l'Écosse méridionale par le grès et les schistes de Hawick et par les couches de Selkirk à Annélides.

Dans la Haute-Écosse, les grès précambriens sont recouverts, en discordance, par un quartzite que surmontent des couches dites à *Fucoïdes*, qui ont fourni des restes d'*Olenellus*, ce qui permet de les placer à la base du cambrien. Au-dessus viennent : un grès à *Serpulites* et le calcaire de Durness. Les fossiles du calcaire le rattachent au cambrien supérieur de l'Amérique du Nord.

On n'a encore pu homologuer aucune assise avec l'assise d'Arenig; mais dans la série dite de Moffat, on a pu distinguer trois zones :

1° Les couches de Glenkiln, équivalant au Llandeilo supérieur ;

2° Les schistes de Hartfell, homologues des couches de Caradoc et de Bala ;

3° Les couches à *Rastrites* de Bikhill équivalant au Llandovery.

Plus haut, viennent les couches à *Rastrites* de Gala, et celles à *Cyrtograptus* de Riccarton, correspondant au Wenlock.

Les couches de Riccarton terminent le silurien écossais, qui ne montre aucune assise correspondant au Ludlow, à Aymestry et au grès de Downton.

SCANDINAVIE. — En Suède, l'étage cambrien débute par les grès à *Eophyton* superposés directement aux gneiss. Ces grès sont surmontés, à Andrarum, par un mélange de schistes et de calcaires renfermant des *Olenellus*, des *Ellipsocephalus* et des *Lingules*. Ces assises, qui semblent représenter le géorgien moyen et le géorgien supérieur, supportent toute une série de schistes noirs alunifères, dans laquelle on distingue deux séries :

1° A la base, les schistes alunifères à *Paradoxides* ;

2° A la partie supérieure, des schistes alunifères à *Olenus*. La série des schistes à *Olenus* se termine par une assise à *Dictyonema*.

Malgré la netteté des horizons, ces assises sont remarquables par leur faible épaisseur.

Ces couches ont été retrouvées en Norvège où le cambrien débute par une mince assise de grès quartzeux, homologue des grès à *Eophyton*. La zone à *Paradoxides*, la zone à *Olenus* et la zone à *Dictyonema* se retrouvent aux environs de Christiania.

Les étages supérieurs sont remarquables par la fréquence des couches à *Graptolites*.

On divise la série de ces schistes en trois séries :

1° Des schistes verts ou noirs à *Phyllograptus*, prédominant, accompagné de *Didymograptus*, *Tetragraptus*, *Dichograptus*, *Temnograptus*, ils correspondent à l'assise d'Arenig ;

2° Des schistes moyens, correspondant aux assises de Caradoc et de Bala, ils renferment des *Dicellograptus* et des *Dicranograptus* comme espèces prépondérantes ;

3° Des schistes supérieurs, où l'on trouve surtout les genres *Retiolites*, *Rastrites*, *Monograptus* et qui équivalent aux assises de Llandovery et de Wenlock.

Les schistes supérieurs à Graptolites sont surmontés par des calcaires à *Orthoceras* subordonnés à des schistes à *Calymene*, *Phragmoceras*, *Tentaculites* et *Crinoïdes*. Cette faune rappelle de très près celle de Ludlow.

En Norvège, les étages ordovicien et gothlandien sont également très bien représentés, mais c'est à l'île de Gothland que l'étage supérieur se développe avec le plus d'ampleur sous forme de calcaires marneux et de grès fossilifères.

Les schistes marneux rouges avec *Orthoceras* et *Conchidium* représentent le Llandovery.

Le Wenlock est représenté par des schistes à *Paleocyclus* et des calcaires à *Conchidium oblongum*, avec *Orthoceras angulatum*.

Les couches à grands Crustacés (*Pterygotus*) et des conglomérats à Crinoïdes sont équivalents aux schistes de Ludlow, et au calcaire d'Aymestry.

La série se termine par un calcaire noduleux à *Céphalopodes*.

Bohême. — En Bohême, le système silurien et principalement l'étage ordovicien sont très bien représentés; la distinction des faunes est surtout plus nette que partout ailleurs.

Types américains. — AMÉRIQUE SEPTENTRIONALE. — L'étage cambrien est remarquablement développé dans l'Amérique du Nord.

Le sous-étage géorgien, est formé par les schistes et calcaires de Géorgia (Vermont), très riche en *Olenellus.*

L'acadien est représenté par les schistes de Baintree (Massachusetts) riches en *Paradoxides*.

Enfin, le type du potsdamien est fourni par les couches à *Olenus* du grès de Potsdam. Ce grès fréquemment déposé en discordance sur des gneiss est très nettement stratifié, il se délite parfois en minces plaquettes. Les trous de vers et les traces du clapotement des vagues y abondent.

Les étages moyen et supérieur forment une série très concordante de couches fossilifères, qui débute, à New-York, par un grès calcifère à nombreux Trilobites, comparable à l'assise supérieure de Tremadoc, c'est-à-dire une couche de passage entre le potsdamien et l'ordovicien inférieur. Le calcaire de Chazy qui est supérieur au grès calcifère contient des *Asaphus*, des *Illænus*, des *Conocephalus*, ainsi que des *Gastéropodes*.

Les assises de Llandeilo et de Caradoc ont pour équivalent américain le calcaire de Trenton à *Asaphus platycephalus*, les schistes d'Utica à *A. canadensis*, les calcaires de Cincinnati, et les schistes d'Hudson River à *Trinucleus concentricus* et à *Calymene senaria*.

Au Llandovery correspondent les grès de Medina et les grès de Clinton à *Conchidium oblongum*.

Les calcaires du Niagara à *Calymene*, et à *Pterygotus*, *Conchidium occidentale* et *Strophonema* présentent la faune même de Wenlock.

Le système silurien se termine en Amérique par les zones salifères d'Onondaga et les calcaires hydrauliques à grands Crustacés (*Eurypterus*, *Pterygotus*).

Concordance des assises européennes et américaines. — On peut remarquer que la faune des Crustacés Mérostomes apparaît en Amérique plus tôt qu'en Angleterre.

Les zones d'Onondaga sont remarquables par la présence du gypse et du sel. Celui-ci n'a pas été observé en place, sa présence n'est décelée que par les eaux qui s'écoulent de ces assises. Le gypse forme des amas irréguliers dans le calcaire, amas brusquement interrompus par les couches argileuses interstratifiées. Il est probable que le gypse résulte d'une transformation du calcaire, très postérieure au dépôt des couches. On a reconnu, en effet, dans la contrée, la présence de sources sulfureuses et même sulfuriques.

Concordance des assises européennes et américaines.

		Angleterre.	*Écosse.*	*Scandinavie.*	*Amérique du Nord.*
GOTHLANDIEN		Downton. Aymestry. Ludlow.		Calcaire noduleux de Gothland. Couches à *Crinoïdes*. Assises à *Mérostomes*.	Calcaire hydraulique. Couches salifères d'Onondaga.
		Wenlock.	Couches de Riccarton.	Calcaire supérieur à *Conchidium* (Gothland).	Calcaire du Niagara.
		Llandovery.	Couches de Gala et de Barkhill.	Calcaire inférieur à *Conchidium* (Gothland).	Grès de Clinton.
ORDOVICIEN		Caradoc et Bala.	Schistes de Hartfell.	Schistes à *Trinucleus*.	Schistes d'Hudson River. Calcaire de Cincinnati.
		Llandeilo.	Couches de Glenkiln.	Schistes moyens à *Graptolites*.	Calcaire de Trenton.
		Arenig.		Calcaire à *Orthoceras*. Schistes à *Graptolites*.	Calcaire de Chazy.
CAMBRIEN	Potsdamien.	Assises à *Olenus*. Tremadoc. Lingula-flags.	Calcaire de Durness.	Schiste à *Dictyonema*. Schistes à *Olenus*.	Grès de Potsdam.
	Acadien...	As. à *Paradoxides*. Ménévien. Solva.	Grès à *Serpulites*.	Schistes inférieurs à *Paradoxides*.	Schistes de Baintree.
	Géorgien..	Ass. à *Olenellus*. Caerfai. Llamberis. Conglomérat.	Couches à *Fucoïdes* de la Haute-Écosse.	Zones à *Olenellus*. Grès à *Eophyton*.	Schistes de Géorgia.

CHAPITRE III

SYSTÈME DÉVONIEN

Caractères de la période dévonienne. — Le caractère le plus important de la période dévonienne est le début de l'évolution du type *Vertébré* et le développement considérable de certains *Lophostomés*, tels que les genres *Rhynchonella* et *Spirifer*.

La végétation terrestre, tout en n'occupant qu'une place assez peu importante, montre l'établissement des continents ébauchés durant la période silurienne.

Divers bassins se définissent avec une certaine netteté. Les dépôts synchroniques présentent des faunes quelque peu différentes. Toutefois, l'uniformité des conditions physiques à la surface de la terre persiste encore, et l'on peut affirmer qu'un seul climat régnait durant toute la période.

La vie terrestre ne devient possible, pour les animaux, que vers la fin de la période, et les traces qu'elle a laissées sont parvenues jusqu'à nous sous forme de débris d'*Insectes* trouvés dans les dépôts américains.

Faune. — *Rhizopodes.* — Ils sont représentés par quelques *Astrorhizidés* et *Nummulinidés;* ces familles sont en général assez rares.

Spongiaires. — Diverses assises du dévonien anglais contiennent des *Pharétrones* (*Peronella*) ; les *Lyssacinés* sont abondamment représentées par le genre *Sphærospongia* et la famille des *Receptaculidés*, longtemps attribués aux Foraminifères. Les *Dictyoninés* sont plus développées qu'à aucun autre moment de l'ère primaire.

Cœlentérés. — Les *Hydroïdes* sont assez abondants.

Le sous-ordre des *Stromatoporoïdes* a pour représentants les plus communs, les genres *Stromatopora* et *Stachyodes ;* en revanche, les *Graptolites* ont complètement disparu.

Le groupe des *Tetracoralliaires* atteint un développement aussi considérable que durant la période précédente. Les genres les plus fréquents sont : *Anisophyllum*, *Cyathaxonia*, *Amplexus*, *Zaphrentis*, *Campophyllum*, *Phillipsastræa*, *Diphyphyllum*, *Clisiophyllum*, *Cystiphyllum*, *Calceola*. La présence des *Hexacoralliaires* dans les assises dévoniennes est plus douteuse, mais les *Favositidés* et les *Monticuliporoïdes* sont aussi abondants que dans les sédiments siluriens.

Échinodermes. — Les *Cystidés* ont perdu beaucoup de leur importance. Les *Blastoïdes*, presque exclusivement américains, sont représentés par les genres *Codaster*, *Troostocrinus*, *Elæacrinus*, *Eleutherocrinus*, *Pentremitidea*.

Parmi les *Crinoïdes*, les *Haplocrinacés* (*Haplocrinus*, *Cupessocrinus*), les *Sphéroïdocrinacés* (*Scyphocrinus*, *Rhipidocrinus*, *Spyridiocrinus*, *Eucalyptocrinus*), les *Ichtyocrinacés* (*Lecythocrinus*, *Taxocrinus*), sont très abondants ; les autres ordres ne sont pas représentés.

Les *Échinides* sont rares, les *Monoplacidés* ont disparu, les *Tétraplacidés* sont seuls représentés par les genres *Lepidechinus* et *Eocidaris*, ce dernier est même, pour quelques auteurs, un vrai *Cidaridé*.

Vers. — Parmi les *Lophostomés*, les *Bryozoaires Cyclostomes* sont très abondants. Parmi les *Brachiopodes*, certains sous-ordres (*Lingulacés*, *Discinacés*) sont en décadence sur le système précédent ; les *Productacés* (*Orthis*, *Strophonema*, *Chonetes*, *Productus*) se maintiennent aussi abondants. Les *Spiriferacés* (*Spirifer*, *Cyrtina*, *Cyrtia*, *Nucleospira*, *Uncites*, *Bifida*, *Athyris*, *Merista*, *Atrypa*), sont en progrès ;

et les *Térebratulacés* (*Rhynchonella*, *Conchidium*, *Terebratula*, *Stringocephalus*), sont plus nombreux que pendant la période silurienne.

Mollusques. — Les *Gastéropodes* du cambrien à *Olenellus* (*Scenella*, *Stenotheca*, etc.) passent dans le dévonien; la famille des *Pseudomélaniidés* s'y accroît. La prépondérance des *Diotocardes homonéphridiés*, des *Ptéropodes*, des *Conularidés* est encore bien marquée.

Dans la classe des *Lamellibranches*, les *Paléoconques* conservent la même importance que durant la période silurienne. Les *Hétérodontes* (*Megalodon*, *Cypricardites*) s'accroissent un peu, les *Aviculacés* sont très abondants et les *Mytilidés* font leur apparition avec le genre *Modiola*.

La classe des *Céphalopodes* est moins riche en *Tétrabranchiaux*, et les *Dibranchiaux* apparaissent avec les *Goniatites* dès les premiers temps de la période (*Mimoceras*, *Anarcestes*, *Gephyroceras*, *Ibergiceras*), et la famille des Clyméniidés est limitée à la fin des temps dévoniens.

Articulés. — Le sous-embranchement des *Branchiaux* est représenté par les *Ostracodes* très répandus, et les *Cirripèdes*. La classe des *Malacostracés* est abondamment représentée par des *Phyllocarides*. Les *Amphipodes* et les *Podophtalmes* sont rares, la prépondérance appartient encore aux *Paléostracés*. Les genres abondants de *Trilobites* sont les *Homalonotus*, les *Phacops*, les *Acidaspis*, les *Prætus* et les *Phillipsia*. Les *Mérostomes* sont représentés par les genres *Eurypterus*, *Stylonurus*, *Slimonia*, *Pterygotus*, et les *Xiphosures* par les *Pseudoniscus* et les *Belinurus*.

Vertébrés. — Les seuls *Vertébrés* du dévonien sont des Poissons. Ils appartiennent aux sous-ordres des *Squaloïdes*, des *Proganoïdes*, des *Acanthodoïdes*, des *Acipenseroïdes*, des *Crossoptérygiens* et des *Dipneustes*.

Flore. — La période dévonienne a laiss de nombreux débris de végétaux. Ce sont d'abord des *Algues* de grandes dimensions (*Halyserites*) et des *Lycopodinés* (*Stigmaria*). Les *Lepidodendron* et les *Fougères* (*Hymenophyllum*, *Archeopteris*) apparaissent vers le milieu de la période.

Les dernières époques de la période dévonienne ont été riches en *Fougères* (*Cyclopteris*, *Caulopteris*, *Sphenopteris*, *Nevropteris*), en *Lepidodendrées*, en *Sigillariées* (*Cyclostigma*, *Arthrostigma*), et en *Équisetinées* (*Calamites*) ; on y rencontre les premiers *Gymnospermes* (*Cordaïtes*).

Divisions en étages. — Le système dévonien se décompose en trois grandes divisions.

1° La division inférieure est surtout arénacée et schisteuse, elle est riche en *Spirifer*. On la subdivise en deux étages : l'étage *gédinnien*, à la base, et l'étage *coblentzien* à la partie supérieure (Gosselet).

2° La division moyenne est surtout calcaire et caractérisée par les *Calceola* et *Stringocephalus*. La partie inférieure est l'étage *eifélien*, la partie supérieure est l'étage *givétien*.

3° La division supérieure renferme surtout des schistes et des psammites, les *Rhynchonella* y abondent, elle a été divisée en deux étages : le *frasnien* à la base et le *famennien* au sommet (Gosselet).

C'est dans le massif ardennais que l'on doit rechercher le type du système du silurien.

Massif ardennais. — Dans les premiers temps de la période dévonienne, la vallée de la Meuse actuelle formait la partie la plus étranglée d'un détroit qui mettait en communication une mer westphalienne avec la Manche actuelle. A l'est de ce détroit subsistaient deux îlots cambriens, celui de Stavelot et celui de Serpont; et c'est sur les rivages de ces îles que se sont accumulés les premiers dépôts (fig. 5).

Étage gédinnien. — Ces premiers dépôts sont des poudingues formés de blocs de quartz et de schistes, réunis par une pâte schisteuse (*poudingues de Fépin*). Ce poudingue repose en stratification discordante sur des phyllades cambriens. Au-dessus du poudingue

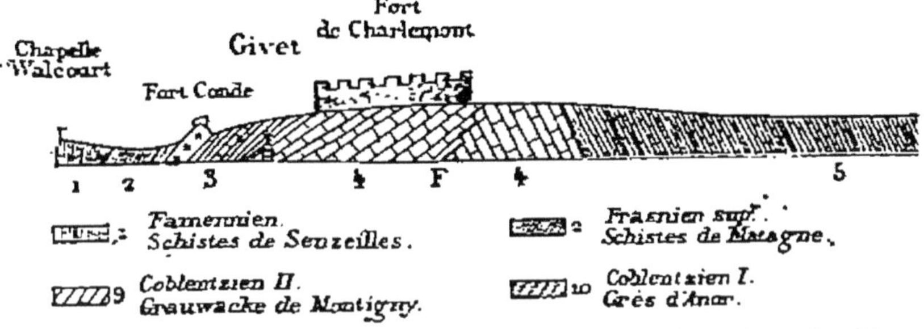

Fig. 5. — Coupe du terrain dévonien de Givet

vient une arkose à petits cristaux de tourmaline. Cette arkose dite arkose de Weismes est représentée en certains points par des schistes à *Spirifer Dumonti* et à *Cystiphyllum profundum*. Une assise de schistes très fossilifères lui succède. Ces schistes, bien dévelop-

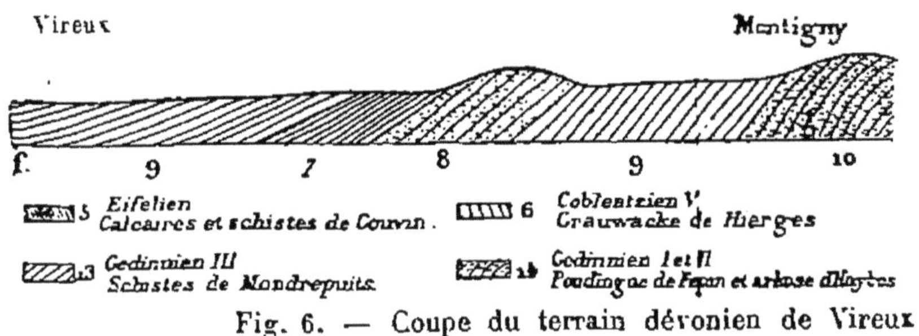

Fig. 6. — Coupe du terrain dévonien de Vireux

pés à Mondrepuits, renferment : *Homalonotus Rœmeri*, *Tentaculites grandis*, *Spirifer mercuri* et l'étage gédinnien se termine par les schistes de Saint-Hubert à *Halyserites*.

Étage coblentzien. — L'étage coblentzien offre la succession d'assises suivantes :

1° Grès d'Anor à *Leptæna Murchisoni*, *Spirifer paradoxus*, *Avicula lamellosa*. Les contours du détroit coblentzien diffèrent de ceux du détroit gédinnien, l'îlot de Serpont est réuni à la presqu'île de Rocroi et le golfe profond de Charleville est comblé.

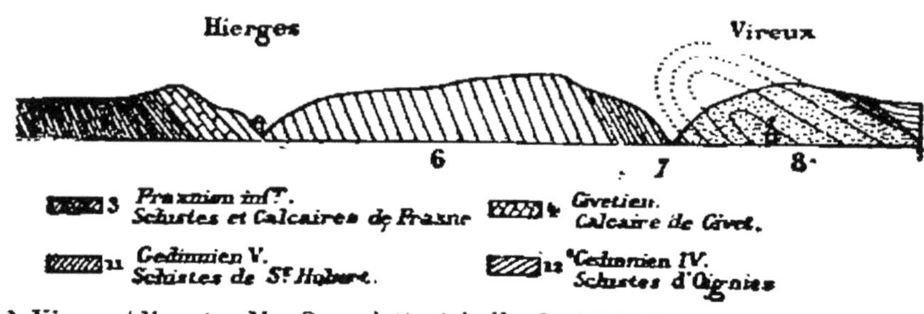

à Vireux (d'après M. Gosselet), échelle de 1/40 000.

2° Grauwacke de Montigny à *Spirifer paradoxus*, *Athyris undata*.

3° Grès de Vireux (fig. 6).

4° Schistes de Vireux et poudingues de Burnot à *Tentaculites ornatus* et *Strophonema rhomboidalis*.

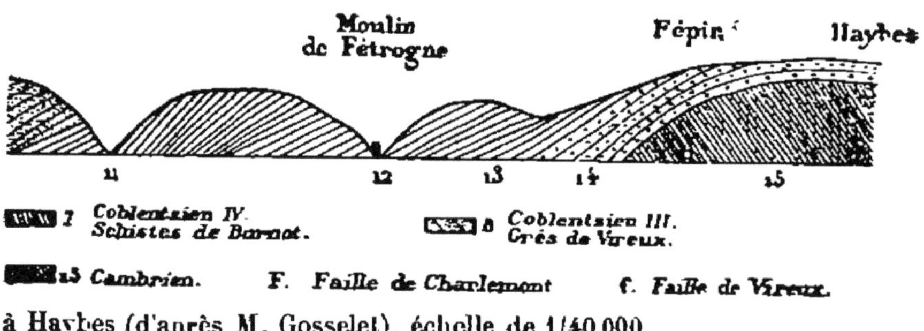

à Haybes (d'après M. Gosselet), échelle de 1/40 000.

5° Grauwacke d'Hierges à deux zones. La zone inférieure renferme *Spirifer arduennensis*, *Pterinea lineata* et des *Crinoïdes*. La zone supérieure donne comme fossiles caractéristiques, *Spirifer cultrijugatus*, *Calceola sandalina*, *Rhynchonella Orbignyi*.

La grauwacke d'Hierges termine l'étage coblentzien.

Certains fossiles, parmi lesquels *Leptæna Murchisoni* et *Pleurodictyum problematicum*, sont communs à toutes les assises du coblentzien.

Étage eifélien. — Les assises du coblentzien supérieur ont comblé le détroit dévonien de telle sorte que la mer venant de l'ouest aboutissait au fond d'un golfe profond fermé vers Liège. C'est dans ce golfe qui suivait à peu près la direction Maubeuge-Dinant-Liège que se sont déposées les assises eiféliennes (bassin de Dinant) qui ne dépassent guère Givet et Chimay.

L'étage eifélien est formé surtout par des *schistes à calcéoles*, qui deviennent très calcaires à Couvin. La roche, en cette région, est bleu foncé et a la compacité du marbre. On y trouve : *Phacops latifrons*, *Bronteus flabellifer*, *Spirifer speciosus*, *Sp. ostiolatus*, *Orthis striatula*, *Calceola sandalina*, *Conchidium galeatum*, *Productus subaculeatus*.

Le faciès calcaire fait souvent défaut.

Étage givétien. — Dans le bassin de Dinant, l'étage givétien est formé par une assise calcaire de marbre noir ou bleu foncé, dont les fossiles caractéristiques sont : *Spirifer mediotextus*, *Stringocephalus Burtini*, *Uncites gryphus*, *Heliolites porosa*, *Cyathophyllum quadrigeminum*.

L'abondance des Brachiopodes dans les marbres de l'étage givétien fait écarter l'hypothèse d'un faciès corallien, malgré la présence des *Favosites*, *Alvéolites* et *Cyathophyllum* dans certains d'entre eux.

Pendant que les assises précédentes se déposaient dans le bassin de Dinant, aucun dépôt ne se formait dans le bassin de Namur, les deux régions étant séparées par la crête du Condros. Mais cette crête fut traversée par la mer givétienne, qui déposa dans le bassin de Namur d'abord un poudingue rouge dit poudingue de Pairy-Bony, puis un grès à *Lepidodendron*.

Le rétablissement de la communication entre la mer Westphalienne et le bassin de Valenciennes marque le début de la période dévonienne supérieure. Les massifs de Stavelot, de Saint-Hubert et de Rocroi font définitivement partie des terres émergées.

Étage frasnien. — L'étage frasnien comprend des schistes dans lesquels on rencontre des amas calcaires. Ceux-ci forment parfois des marbres bleus ou bigarrés de vert et de rouge. Les principaux fossiles qu'on y rencontre sont des *Stromatopora*, *Atrypa reticularis*, *Orthis striatula*, *Spirifer Verneuilli*, *Sp. aperturatus*, *Sp. Orbelianus*, *Bronteus flabellifer*, *Goniatites intumescens*, *Rhynchonella cuboides*, *Conchidium brevirostre*. Au-dessus de ces schistes et de ces calcaires viennent les schistes de Matagne à *Cardium palmatum* et *Goniatites retrorsus*.

Etage famennien. — L'étage famennien présente un faciès schisteux (schistes de la Famenne) et un faciès arénacé (psammites du Condros).

Les schistes renferment *Rhynchonella Omaliusi*, *Rh. Dumonti*, *Rh. letiensis* et *Spirifer Verneuilli*.

Les psammites contiennent des débris de *Poissons*, de *Lamellibranches* et des *Crinoïdes* (*Poteriocrinus*) ; à la partie supérieure on a découvert *Archeopteris*, *Sphenopteris*, etc.

L'étage famennien se termine dans les deux cas par un calcaire dit calcaire d'Etrœungt à *Spirifer disturus*, *Sp. tornacensis*, fossiles carbonifériens associés à *Spirifer Verneuilli*, et *Atrypa reticularis*, fossiles caractéristiques du dévonien.

Massif boulonnais. — On peut adjoindre au massif ardennais, les assises dévoniennes du Boulonnais. Les étages gédinnien, coblentzien, eifélien font complètement défaut.

Le givétien est représenté par les schistes de Caffiers, des grès à empreintes de *Lepidodendron*, de

Psilophyton et de *Fougères;* et le calcaire de Blacourt à *Orthis striatula.*

L'étage frasnien a pour équivalents les schistes de Beaulieu, à *Conchidium brevirostre* et le calcaire de Ferques à *Spirifer Verneuilli, Sp. Bouchardi, Productus subaculeatus, Cyathophyllum hexagonum, Favosites Boloniensis.*

L'étage famennien est représenté par les psammites de Fiennes et de Sainte-Godelaine à *Bellerophon, Cypricardia, Cucullæa.*

Assises dévoniennes de l'Ardenne et du Boulonnais.

Étage	Ardenne	Boulonnais
Famennien	Calcaire d'Etrœungt. Schistes de la Famenne et Psammites du Condros.	Psammites de Fiennes.
Frasnien	Schistes de Malagne. Calcaires de Frasne.	Calcaire de Ferques. Schistes de Beaulieu.
Givétien	Calcaire de Givet.	Calcaire de Blacourt. Schistes à végétaux. Schistes de Caffiers.
Eifélien	Schistes à Calcéoles et calcaire de Couvin.	
Coblentzien	Grauwacke à *Spirifer cultrijugatus.* Poudingue de Burnot. Grès de Vireux. Grauwacke de Montigny. Grès d'Anor.	
Gédinnien	Schistes de St-Hubert. Schistes de Mondrepuits. Arkose de Weismes. Poudingues de Fépin.	

Régions françaises. — Dans le massif primaire du Cotentin et de la Bretagne, les mouvements du sol postérieurs à l'époque silurienne ont creusé plusieurs grands plis, au milieu desquels apparaissent les assises dévoniennes.

L'un de ces plis séparé en deux autres par un relèvement des assises siluriennes, est visible dans la région de Valognes. Le deuxième forme une longue traînée ayant son origine sur la Sarthe et la Vègre, s'amincit à Vitré et forme à partir de cette localité un ruban mince que l'on peut suivre, sans interruption, de Saint-Germain-sur-Ille à Plœuc (Côtes-du-Nord). En Bretagne, la traînée dévonienne s'élargit, entoure le bassin carboniférien de Carhaix et de Châteaulin, puis atteint Morlaix et s'épanouit dans la rade de Brest (A. de Lapparent).

Deux autres traînées dévoniennes sont reconnaissables : l'une débute sur la Loire, près de Trélazé et se poursuit jusque sur la Vilaine par Angers et Erbray; l'autre occupe le bord méridional de la forêt d'Écouves (Orne).

COTENTIN. — Le dévonien du Cotentin n'offre que deux assises appartenant toutes deux au coblentzien inférieur. Le dévonien de cette région est transgressif sur les phyllades, le grès de May ou le grès armoricain. Les deux assises sont : 1° à la base, le *grès à Orthis Monnieri;* 2° au sommet, les *schistes* et *calcaires de Néhou*.

Le grès à *Orthis Monnieri*, visible au sud de la forêt d'Écouves, renferme des *Homalonotus* et *Pleurodictyum problematicum.*

Le calcaire de Néhou forme des lentilles plus ou moins compactes au milieu des schistes. Il est caractérisé par *Athyris undata*. On y trouve des Trilobites : *Homalonotus Gervillei*, *Bronteus Gervillei*, *Phacops Potieri;* des Brachiopodes : *Rhynchonella sub-Wilsoni*, *Leptæna Murchisoni*, *Spirifer Rousseaui*, *Conchidium*, *Orthis*, etc., associés à des *Tentaculites* et à des *Favosites*.

BRETAGNE. — A l'extrémité occidentale de la Bretagne, les dépôts dévoniens reposent sur un pli du silurien, la série est assez complète.

1° A la base les schistes et quarzites de Plougastel

équivalent du gédinnien ardennais. Cette assise forme la crête septentrionale des Montagnes Noires ; elle renferme une faune dévonienne associée à des espèces siluriennes ;

2° Grès blanc de Landévennec correspondant au grès d'Anor. Il renferme des *Orthocères*, des *Lamellibranches* et *Orthis Monnieri;*

3° Grauwacke du Faou contenant beaucoup d'espèces de la faune de Néhou ;

4° Schistes à nodules calcaires de Porsguen.

Ils renferment à la base *Pleurodictyum problematicum* et *Sipirifer cultrijugatus*, et à la partie supérieure des *Céphalopodes* de l'étage eifélien ;

5° Schistes à nodules calcaires de Rostellec, contenant des *Lamellibranches* et des *Goniatites*, correspondant au famennien.

Anjou. — Aux environs immédiats d'Angers se retrouve l'horizon à *Orthis Monnieri*, au-dessus duquel viennent des calcaires à *Crinoïdes*, puis des grauwackes fossilifères à *Calymene*, *Acidaspis*, *Chonetes*.

La faune des calcaires d'Angers est la même que celle des marbres d'Erbray et ces calcaires relient les couches coblentziennes inférieures à *Athyris undata*, aux couches supérieures. Tous ces sédiments montrent les faunes coblentziennes et eiféliennes associées, elles manifestent même quelques affinités siluriennes, ce qui les rapproche du hercynien des auteurs allemands et éloigne cet étage du gédinnien.

Dans la Basse-Loire, entre Chaudefonds et Montjeau, les calcaires montrent une faune eifélienne.

Au delà d'Ancenis, le dévonien moyen se montre par une faune givétienne, à l'Écochère, tandis que le calcaire de Copchoux à *Rhynchonella cuboides* se relie à l'étage frasnien.

Languedoc, Corbières, Pyrénées. — Sur les deux

versants de la Montagne Noire, le dévonien inférieur, transgressif au silurien, débute par des schistes calcaires à *Crinoïdes;* ces schistes sont surmontés par le *calcaire de Cabrières* à *Phacops Potieri*, *Spirifer cultrijugatus*, et qui, par le reste de sa faune, correspond au sommet de l'étage coblentzien. Le calcaire de Cabrières est couronné par un calcaire blanc cristallin à *Phacops Munieri*, *Conchidium globum* que recouvrent les *marbres griottes de Cabrières.* L'étage de marbres, qui correspond au famennien, débute par des calcaires à *Goniatites* ferrugineux qu'un calcaire ampéliteux à *Cardiola retrostriata* sépare des griottes vrais. Ceux-ci, bigarrés de rouge vif, contiennent des *Goniatitidés* et des *Clymeniidés* identiques aux espèces du famennien de la vallée du Rhin.

Les griottes se retrouvent dans les Corbières où l'horizon des Goniatites ferrugineux est visible.

Le dévonien inférieur des Pyrénées est formé de schistes, de grauwackes et de calcaires; il est très riche en *Polypiers*, en *Bryozoaires* et en *Brachiopodes* (*Spirifer*, *Atrypa*). L'horizon à *Leptæna Murchisoni* et l'horizon à *Spirifer cultrijugatus* sont très visibles au col d'Aubisque (Basses-Pyrénées).

Le dévonien supérieur offre un niveau constant de *marbres amygdalins* où le calcaire cristallin forme des nodules arrondis remplis de *Goniatites.* Ces marbres sont nommés *marbres griottes*, s'ils sont colorés en rouge, et *marbres campan* s'ils sont colorés en vert.

Grande-Bretagne. — Le système dévonien de la Grande-Bretagne est représenté par un ensemble de schistes rouges, de grès et de conglomérats pourprés qui ont reçu le nom de *old red sandstone* (vieux grès rouge) et dont l'ensemble semble s'être déposé dans des lacs, des lagunes ou des mers intérieures, après l'émersion partielle du fond de la mer silurienne.

Des marnes rouges et vertes alternent avec les grès et contiennent des concrétions de calcaire en forme de nodules (*Cornstones*) dans lesquelles sont concentrés des débris de Poissons.

A sa partie inférieure, le vieux grès rouge renferme des *Trilobites*, et à sa partie supérieure des *Mérostomes;* il est très riche en débris de Poissons et de Végétaux.

Région rhénane. — Sur la rive droite du Rhin, le système dévonien constitue, à lui seul, la chaîne du Taunus, forme la charpente du Westerwald et du Nassau et s'étend au nord jusqu'à Elberfeld.

Sur la rive gauche, il forme la vallée de la Moselle de Coblentz à Trèves, et il affleure dans tout l'Eifel, par où les mers Rhénane et Ardennaise de l'époque dévonienne se reliaient l'une à l'autre.

L'étage gédinnien est représenté par les quartzites du Taunus et les schistes du Hunsrück à *Homalonotus Rœmeri, Spirifer primævus, Phacops Ferdinandi, Dalmanites rhenanus*, etc.

Au-dessus des schistes du Hunsrück vient la grauwacke de Coblentz à faune très riche, identique à celle d'Anor, de Montigny et de Vireux. A sa base, la grauwacke renferme des *Phacops*, des *Homalonatus*, des *Avicula*. En haut, *Pleurodictyum problematicum, Orthis striatula, Spirifer speciosus, Sp. cultrijugatus* dominent; à Wissembach, dans le Nassau, on trouve des schistes offrant un mélange de faunes dévonienne et silurienne comparables à celles des schistes de Porsguen.

Le dévonien moyen comprend, dans le Nassau, des couches à calcéoles et à minerai de fer avec *Spirifer cultrijugatus*, correspondant à l'eifélien de l'Ardenne, puis un calcaire à *Stringocephalus Burtini* au milieu duquel se sont fait jour de nombreux épanchements de diabase. Cette roche, en se mêlant aux sédiments a formé un tuf particulier le *Schalstein*. Le calcaire à *Stringocephalus* (givétien) contient encore *Phacops latifrons*, *Uncites gryphus*, *Rhynchonella cuboides*, *Goniatites retrorsus*, un mélange des faunes frasnienne et givétienne.

Le dévonien supérieur commence par une assise à nodules calcaires abondants en *Rhynchonella cuboides*; elle supporte des ardoises et des bancs calcaires constituant le *Flinz*. Ces schistes renferment beaucoup de *Goniatites*. L'ensemble du Flinz et de l'assise à nodules calcaires constitue le frasnien.

Le famennien débute par des schistes à nodules calcaires (*Kramenzel*) renfermant des Clyméniidés et des Goniatites. Il se termine par des schistes à *Cypridina serratostriata*.

Dans l'Eifel, le dévonien présente la même composition générale, les couches sont très nettes et très fossilifères depuis le coblentzien inférieur à *Pleurodictyum problematicum* jusqu'aux schistes famenniens à *Cypridinés*.

Dans le nord de l'Eifel, à Stolberg, à la base du coblentzien, existent des schistes bigarrés et des grès verts qui forment l'équivalent du gédinnien ardennais.

Équivalence des assises dévoniennes.

	Bretagne.	*Corbières et Pyrénées.*	*Grande-Bretagne.*	*Vallée du Rhin.*
FAMENNIEN	Schistes de Rostellec.	Griottes de Cabrières et des Pyrénées.	Grès à Poissons et à végétaux	Schistes à Cypridines. Couches à Clyméniidés.
FRASNIEN	Calcaire de Copchoux.	Calcaire ampéliteux. Calcaire à Goniatites ferrugineux.		Flinz et couches à Goniatites. Couches à *Rhynchonella cuboides*.
GIVÉTIEN	Calcaire de Montjean et de l'Ecochère. Schistes de Porsguen.	Calcaire à *Phacops Munieri*.	Schistes rouges et cornstones.	Calcaire à Stringocéphales.
EIFÉLIEN				Couches à Calcéoles.
COBLENTZIEN	Schistes à *Phacops Potieri*. Marbre d'Erbray. Calcaire de Néhou. Grès à *Orthis Monnieri*.	Calcaire de Cabrières. Schistes du col d'Aubisque.	Conglomérats et grès à *Proganoides*.	Schistes de Wissembach. Grauwacke de Coblentz.
GÉDINNIEN	Schistes et quartzites de Plougastel.			Schistes du Hunsrück. Quartzites du Taunus.

CHAPITRE IV

SYSTÈME CARBONIFÉRIEN.

Caractères de la période carboniférienne. — La période carboniférienne diffère essentiellement de la période dévonienne. Des terres sont définitivement émergées et, grâce à l'influence d'un climat favorable, une végétation puissante s'y établit. Les débris de cette végétation enfouis périodiquement sous les alluvions fluviales ou marines conservent le carbone pris à l'air ambiant. L'atmosphère se purifie lentement de la sorte et la vie terrestre est rendue possible, les *Batraciens stégocéphales* apparaissent et sont abondants à la fin de la période, et avec eux ou avant eux se montrent les *Articulés trachéens.*

Faune. — *Rhizopodes.* — Les Foraminifères sont très nombreux : *Fusulina*, *Saccamina*, *Endothyra*, *Schwagerina.*

Spongiaires. — Les *Pharétrones* continuent leur développement. Les *Lyssacinés*, les *Dictyoninés* sont aussi abondantes que durant les périodes précédentes. Les *Lithistidés*, rares durant la période silurienne, inconnues durant la période dévonienne, sont devenues abondantes. Les *Monactinellidés* apparaissent (*Reniera*, *Axinella*). Enfin les *Hétéractinellidés* (*Tholasterella*, *Asteractinella*) sont localisées dans les premiers temps de la période carboniférienne.

Cœlentérés. — La classe des Hydroméduses ne semble pas représentée, mais le développement des *Tetracoralliaires*, des *Favositidés* et des *Monticuliporoïdes* se poursuit avec la même vigueur que dans les périodes précédentes.

Échinodermes. — Les *Cystidés* ont disparu avec la fin de la période dévonienne. Les *Blastoïdes* atteignent leur développement maximum (*Pentremites*, *Asteroblastus*, *Codaster*, *Orophocrinus*, *Phænoschima*, *Cryptoschima*). Les *Crinoïdes* appartenant aux ordres des *Haplocrinacés*, des *Sphæroïdocrinacés*, des *Ichthyocrinacés* sont encore très abondants.

Les *Échinidés* sont rares, ce sont des *Polyplacidés* (*Pholidocidaris*, *Rhoechinus*, *Melonites*, *Palæchinus*) ou des *Tétraplacidés* (*Archæocidaris*, *Lepidocidaris*, *Eocidaris*).

Parmi les *Astéroïdes*, les *Encrinastéridés*, les *Euastéridés* et les *Euophiuridés* continuent leur évolution. Enfin, on a découvert des spicules d'*Holothuries* (*Achistrum*, *Chirodota*) dans diverses assises carbonifériennes.

Vers Lophostomés. — Les *Productidés* et les *Spiriféridés* sont prépondérants. Toutefois, le nombre des espèces a notablement diminué.

Mollusques. — Parmi les *Gastéropodes*, les genres *Bellerophon* et *Euomphalus* sont les plus abondants.

Les *Lamellibranches* ont pour principaux représentants les genres *Posidonomya*, *Aviculopecten*, *Conocardium*. On trouve aussi quelques genres caractérisant une faune d'eau saumâtre.

Parmi les *Céphalopodes*, on note une diminution dans les *Orthocerus;* les *Nautilus* et surtout les *Goniatites* sont largement représentés.

Les sutures des Goniatites montrent une certaine complication (1).

Articulés. — Le groupe important des *Trilobites* est en pleine dégénérescence; le genre *Phillipsia* est celui qui persiste le plus longtemps. Par contre, les *Décapodes Macroures* et les *Amphipodes* sont remarquablement développés. Mais les Articulés qui sont le plus abondants dans les assises carbonifériennes

(1) Voy. H. Girard, *Aide-mémoire de Paléontologie.*

sont les Trachéens. Les *Scorpionidés* (*Cyclophthalmus*), les *Télyphonidés* (*Geralinura*), les *Anthracomartidés* (*Arthrolycosa, Geraphrynus, Anthracomartus, Eophrynus*), sont fréquents. Le *Aranéides* ont pour représentants le genre *Protolycosa*. Les *Myriapodes* ne sont pas rares (*Acantherpestes, Palæocampa, Euphoberia, Xylobius*), ils ont une grande analogie avec les *Peripatus* actuels.

Les *Insectes*, peu abondants aux périodes précédentes, ont été trouvés abondamment dans le terrain carboniférien. Ce sont surtout des *Orthoptères* (*Blattidés*) et des *Névroptères*. Les *Thysanoures* et les *Coléoptères* ont fourni aussi quelques genres.

Vertébrés. — L'embranchement des Vertébrés est riche en *Poissons* et en *Batraciens Stégocéphales*.

Les Poissons appartiennent aux *Prosélaciens* (*Cladodus*), aux *Squaloïdes* (*Cochliodus*), aux *Batoïdes* (*Petalodus*), aux *Proganoïdes*, aux *Acanthodoïdes* (*Acanthodes*), on trouve des *Acipenséroïdes* (*Eurynotus, Platysomus*), des *Crossoptérygiens* (*Cœlacanthus*) et des *Dipneustes* (*Phaneropleuron, Ctenodus*).

Les *Batraciens* apparaissent dans le système carboniférien. Ce sont tous des *Stégocéphales*, et pour la plupart des *Branchiosauriens* (*Branchiosaurus, Melanerpeton, Pelosaurus*), des *Aistopodes* (*Ophiderpeton, Dolichosoma*), des *Microsauriens* (*Hylonomus, Petrobates* et des *Labyrinthodontes stéréospondyles* (*Loxomma, Anthracosaurus, Dendrerpeton*).

Flore. — La flore carboniférienne se montre surtout en Cryptogames vasculaires d'une richesse qui ne s'est jamais reproduite. Au début, durant les premières phases de la période, les formes dévoniennes persistent (*Archeopteris, Sphenopteris, Cardiopteris*). Les *Lépidodendrées* et les *Calamodendrées* prédominent. A la fin de la période on voit apparaitre les *Sigillaires*.

Pendant les phases westphaliennes, les *Lépidodendrées* sont remplacées par les *Cordaïtes ;* les *Sigillaires* abondent (*Rhytidalepis, Alethopteris, Nevropteris*).

A l'époque stéphanienne, les *Cordaïtes* et les *Pécoptéridées* prennent la première place, les *Sphenophyllum* et les *Odontopteris* sont remplacées par des *Calamites* et des *Calamodendron.*

Dans l'hémisphère austral, les deux dernières époques ont dû avoir un climat différent de celui de l'hémisphère boréal, car les *Lépidodendrées* et les *Sigillaires* sont rares et remplacées par une *Fougère* (*Glossopteris*) qui a persisté jusque dans l'ère secondaire.

Divisions en étages. — Trois étages.

A la base, les formations marines dominent encore ; les dépôts littoraux et terrestres renferment de l'anthracite ; c'est l'étage *dinantien*, pour le faciès côtier ou terrestre duquel on conserve l'ancien nom de *Culm.*

Les deux étages supérieurs sont décrits sous le nom de terrain *houiller*, parce que ses assises renferment tous les gisements de houille exploitables.

Le plus inférieur de ces deux étages, dit *westphalien*, est représenté dans l'Europe orientale par des formations marines, dont l'ensemble a reçu le nom de *moscovien.*

L'étage supérieur ou *stéphanien* présente aussi un faciès pélagique dit *ouralien.*

Grande-Bretagne. — Le système carboniférien présente dans la Grande-Bretagne, une composition qui se retrouve avec peu de variations dans l'Europe occidentale.

Étage dinantien. — C'est en Écosse que se trouvent les couches les plus anciennes.

Dans cette région, un grès calcifère rougeâtre, avec *cornstones* et débris de végétaux fossiles, repose en concordance sur le dévonien, il est mélangé à des schistes bitumineux exploités pour l'extraction du pétrole, et qui renferment parfois des veines de houille. Entre les lits de schistes et le grès calcifère s'intercale un calcaire presque entièrement composé des carapaces d'un *Ostracode* (*Leperditia scotoburdigalensis*).

Le grès calcifère renferme des animaux d'eau saumâtre, des Poissons, et des végétaux terrestres (*Sphenopteris, Archeopteris*), déjà connus du dévonien.

Le calcaire supérieur (*calcaire de Burdie House*) renferme des *Lepidodendron*, des *Stigmaria* et des *Sphenopteris*.

La série du grès calcifère se termine par une puissante assise de *pierre à ciment* dans laquelle se trouvent des couches à fossiles marins et saumâtres. Les *Productus* sont très abondants : *P. semireticulatus*, *P. Cora*, *P. aculeatus*, etc.

L'ensemble des assises du grès calcifère a été dénommé autrefois étage *tuédien*. Il se retrouve en Angleterre, dans le pays de Galles, le Durham et le Northumberland.

Au-dessus du tuédien, vient, en Écosse, un calcaire carbonifère (*Mountain limestone*), très développé dans le pays de Galles, le Derbyshire, le Yorkshire et le Cumberland. Ce calcaire se divise en couches distinctes et séparées par des schistes et des grès. Il renferme des Poissons, des Crustacés, des Mollusques, des Crinoïdes et des Cœlentérés ; la faune en est essentiellement marine. Au calcaire carbonifère succède, en Angleterre (Lancashire, Derbyshire, pays de Galles), une série de schistes et de grès dont la partie inférieure est formée de calcaire terreux. Cette série, dite série d'Yoredale, renferme *Goniatites sphæricus*, *Aviculopecten sublobatus*, *Productus giganteus*, *P. semireticulatus*, *Chonetes*, *Posidonomya*, *Euomphalus*, etc.

En Écosse, cet horizon inférieur est le *lower coal*

measures, très riche en couches de houille. Les couches ont souvent un toit calcaire contenant des fossiles marins. C'est à ce système qu'appartient la couche de Parrot-coal qui donne la houille à gaz.

La série d'Yoredale termine l'étage dinantien dans la Grande-Bretagne. Le reste du système carbonifé-rien est connu sous le nom de *terrain houiller*.

ÉTAGE WESTPHALIEN. — L'étage westphalien débute, en Angleterre, par un ensemble de grès grossiers, de schistes et d'argile connu sous le nom de *millstone grit*. La houille s'y rencontre à l'état de veines minces et rares (pays de Galles, Lancashire, Derbyshire, etc.).

Parmi les fossiles marins que renferme le *millstone grit* existent : *Goniatites reticulatus*, *Orthoceras giganteum*, *Productus cora*, *P. costatus*, *P. undatus*, *Spirifer bisulcatus*, *Posidonomya Gibsoni*.

Au-dessus du *millstone grit* viennent les couches de houille exploitables ou *coal measures*, qu'on divise en *lower coal measures*, *middle coal measures* et *upper coal measures*. Ces dénominations ne concordent pas avec les noms identiques donnés aux couches de houille écossaises ; les *lower coal measures* appartiennent, en Écosse, à la partie supérieure de l'étage dinantien, et les *upper coal measures* de la même contrée sont regardées comme supérieures au *millstone grit*.

Le terrain houiller inférieur anglais (*lower coal measures*) comprend des schistes et des couches de houille puissantes avec toit siliceux dur (*gannister*). On y trouve des *Goniatites*, des *Orthoceras*, des *Posidonomya*, des *Aviculopecten*, des *Lingula*, des *Nautilus* et des *Limulus*. Parmi les végétaux, les *Névroptéris* et les *Cordaïtes* dominent.

Le terrain houiller moyen (*middle coal measures*) est composé de grès, d'argile et de schistes, entremêlés de puissantes veines de houille. On y trouve des végétaux terrestres et des Mollusques d'eau saumâtre. Cependant, on y trouve, aussi, des couches à fossiles marins. Dans le Fifeshire, les *middle coal measures* renferment des intercalations marines à *Productus Martini* et *Lingula mytiloides*.

L'étage westphalien se termine par les couches de houille de Birmingham (*upper coal measures*), dans lesquelles les intercalations marines contiennent des fossiles du calcaire carbonifère.

Étage stéphanien. — L'étage stéphanien renferme la plus grande partie des *upper coal measures*, qui se composent d'un mélange de grès, de brèches, et d'argiles, avec des couches de houille et des lits calcaires (Manchester, Newcastle-under-Lyne). L'étage semble se terminer par des couches de houille intercalées dans des schistes rouges longtemps considerés comme appartenant au système permien (couches de Sandwell Park).

L'étage stéphanien contient beaucoup de débris de Poissons. La flore renferme surtout des *Sigillaria*, des *Pecopteris* et des *Annularia*.

Assises carbonifériennes d'Angleterre.

Stéphanien	Couches de Sandwell Park. La plus grande partie des *upper coal measures*.
Westphalien	Une partie des *upper coal measures*. *Midde coal measures* d'Angleterre, et *upper coal measures* d'Écosse. Millstone grit.
Dikantien	Série d'Yoredale et *Lower coal measures* d'Écosse. *Mountain limestone*. Grès calcifère d'Ecosse.

Région franco-belge. — Dans le bassin franco-belge, l'étage stéphanien n'est pas représenté.

Les dépôts se sont effectués pendant une période

de calme qui débutait aux époques eifélienne et frasnienne, car on trouve dans toute l'étendue du détroit franco-westphalien des sédiments calcaires. Au début de la période, les *Coralliaires*, les *Foraminifères* et les *Crinoïdes* édifiant des assises calcaires, un mouvement d'émersion se dessine, et une ligne de hauts-fonds s'élève depuis Liège jusqu'au nord de Boulogne.

De tous ces dépôts, les sédiments dinantiens et westphaliens se sont seuls conservés, les autres ont disparu lors des dénudations qui ont affecté cette région dans laquelle la craie repose directement sur le calcaire carbonifère.

ÉTAGE DINANTIEN. — L'étage dinantien du bassin franco-belge est décomposable en trois sous-étages correspondant à trois faunes.

Le sous-étage inférieur comprend les calcaires de Tournai ou *petit granite* à *Spirifer cinctus*, et les schistes de Tournai à *Spirifer octoplicatus* et *Sp. tornacensis*.

Au-dessus viennent les calcaires et dolomies de Waulsort.

Enfin, la partie supérieure de l'étage comprend 1° les calcaires noirs de Dinant à *Productus semireticulatus* et *Euomphalus crotalostomus ;* 2° les dolomies ruiniformes de Namur avec calcaires à *Chonetes papilionacea* et à *Productus sublævis ;* 3° enfin les calcaires de Visé, débutant par des assises à *Productus cora* qui surmontent des calcaires à *Stromatoporoides* et *P. undatus*, subordonnés à une brèche à pâte brune et à des calcaires grenus à *P. giganteus*.

ÉTAGE WESTPHALIEN. — La fin de la période dinantienne est marquée par le retrait de la mer, la formation de dépressions littorales étroites dans le bassin de Dinant, mais larges dans le bassin de Namur et de Liège. Il s'est constitué ainsi des lagunes ou des estuaires dans lesquels s'entassent des sédiments détritiques et des matières végétales destinées à produire de la houille.

La transition entre les deux étages est très clairement visible aux environs de Liège. Là, le calcaire dinantien est terminé par une couche riche en *Posidonomya*, *Productus* et dans laquelle on trouve une espèce de *Trilobites* du genre *Phillipsia*. Au-dessus viennent des schistes pyriteux alunifères, avec noyaux de calcaire noir ; ce sont les *ampélites de Chokier* qui renferment des *Goniatites*, des *Orthocères*, des *Lingules*, des *Productus* et des *Poissons*.

Aux ampélites succède le terrain houiller proprement dit, qui est constitué par des psammites, des schistes et des bancs de houille.

Chaque couche de houille est intercalée entre deux bancs schisteux. Le toit est rempli d'empreintes végétales, le mur est traversé par des racines de *Stigmaria*. Quelquefois, le toit est formé par des grès qui renferment des troncs, des tiges, mais jamais de feuilles. Celles-ci ne se rencontrent que dans les schistes et dans la houille elle-même.

Les couches de houille se succèdent dans l'ordre suivant :

1° Couches d'Annœulin à *Pecopteris aspera*, *Lepidodendron Veltheimianum* du dinantien.

2° Houilles maigres de Fresnes, Vicoigne et Vieux-Condé à *Sphenopteris Hœninghausi*, *Alethopteris lonchitica*, *Sigillaria elegans*.

3° Le faisceau d'Anzin et d'Aniche.

4° Le faisceau de Douai, d'Aniche et de l'Escarpelle.

5° Le charbon gras d'Anzin, de Douai et de Douchy.

Ces trois dernières assises renferment les végétaux suivants : *Sigillaria elongata*, *S. scutellata*, *Pecopteris dentata*, *Sphenopteris trifoliata*.

L'étage westphalien est également riche en débris

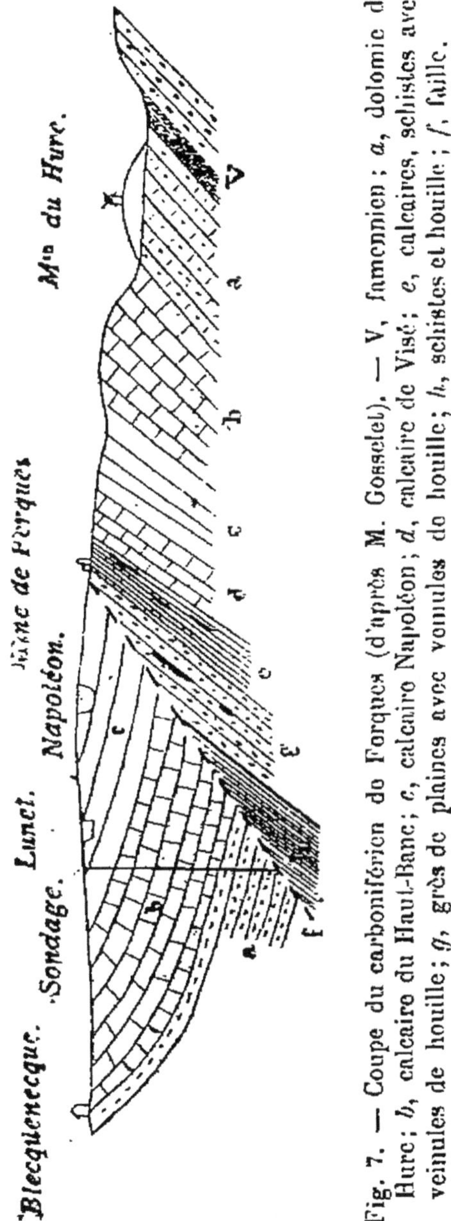

Fig. 7. — Coupe du carboniférien de Forques (d'après M. Gosselet). — V, famennien ; *a*, dolomie de Hure ; *b*, calcaire du Haut-Banc ; *c*, calcaire Napoléon ; *d*, calcaire de Visé ; *e*, calcaires, schistes avec veinules de houille ; *g*, grès de plaines avec veinules de houille ; *h*, schistes et houille ; *f*, faille.

d'animaux. Les schistes offrent souvent des empreintes de coquilles d'eau saumâtre. Mais on observe fréquemment un retour au régime marin. Les genres *Orthis*, *Cardinia*, *Goniatites*, *Aviculopecten*, *Mytilus*, *Posidonomya*, *Cytherea*, sont abondants.

Dans tout le bassin franco-belge, le terrain houiller a subi des dislocations considérables qui donnent aux couches de houille une allure extrêmement irrégulière.

Boulonnais. — Dans le Boulonnais, existe une annexe du bassin carboniférien franco-belge. Le calcaire de Tournai et le calcaire de Waulsort ne sont pas représentés, mais le calcaire de Visé a pour équivalent les quatre assises suivantes (fig. 7) :

1° Dolomie de Hure, riche en carbonate de magnésie et renfermant de nombreux Crinoïdes.

2° Calcaire du Haut-Banc gris rougeâtre et violet avec *Lithostrotion* et *Productus Cora*.

3° Marbre Napoléon, renfermant *Chonetes papilionacea*, *Productus undatus*, *P. semireticulatus*, *Spirifer glaber*, *Euomphalus pentangulatus*.

4° Calcaire d'Hardinghen, à tiges de *Crinoïdes* et *Productus giganteus*. Ce calcaire quelquefois gras à veines rouges est nommé marbre *Joinville*. Dans le bas Boulonnais, l'ampélite de Chokier est représentée par les grès d'Hardinghen renfermant un peu de houille et de calcaire. On y a trouvé *Productus carbonarius* et des végétaux, *Calamites*, *Stigmaria*.

Le système carboniférien se termine par le terrain houiller de Locquinghen, très schisteux et où le minerai de fer est assez abondant.

Région des Vosges. — Au sud du bassin francobelge, on ne rencontre guère que des bassins étroitement limités et contenus dans des plis de massifs anciennement émergés, noyaux primitifs du continent européen.

Le bassin de la Sarre est assez important. Il est orienté du Nord-Est au Sud-Est et occupe une dépression entre la chaîne du Humsrück et les Vosges. Il repose, en stratification discordante, sur des quartzites dévoniens; les séries des assises carbonifériennes et permiennes se succèdent sans interruption.

Les couches de Sarrebrück appartiennent au système carboniférien.

A la base, elles sont formées de conglomérats, de grès, de schistes et de couches de houille.

Au-dessus, viennent des grès rouges et des conglomérats grossiers, puis de nouveaux lits de grès avec schistes violacés et veines de houille peu importantes.

La flore de Sarrebrück comprend quelques espèces stéphaniennes : *Pecopteris integra*, *Annularia stellata*, *A. sphenophylloides*. Les autres espèces se retrouvent dans les couches du bassin franco-belge : *Sphenopteris obtusiloba*, *S. nevropteroides*, *Alethopteris Serlii*, *Sigillaria tessellata*.

Dans les Vosges, l'étage dinantien se présente sous la forme de grauwacke intimement liée aux porphyres bruns des Vosges qui sont équivalents aux orthophyres noirs du bassin de la Loire. La grauwacke des Vosges est un tuf d'orthophyre ou de porphyrite. Elle abonde en végétaux fossiles : *Lepidodendron*, *Cardiopteris*, *Sphenopteris*, *Stigmaria*. Le principal gisement s'observe près de Thann, à Bourbach.

A la même formation se rapportent les schistes de Plancher-les-Mines à *Productus giganteus*, *Phillipsia*, *Euomphalus*. On peut les rapporter à la partie supérieure du calcaire carbonifère, et l'étude complète de la faune semble indiquer l'équivalence avec l'assise de Visé. La présence de tiges de Lépidodendrées et d'articles de Crinoïdes indique que le dépôt des couches a eu lieu près d'un rivage. Il est donc probable que la mer dinantienne battait le pied des Vosges, mais elle était, comme dans le bassin franco-belge, refoulée par les formations continentales.

A la fin de l'époque dinantienne, un plissement de la région a eu lieu, mais l'activité des érosions n'a laissé produire qu'un petit nombre de bassins houillers peu importants (Saint-Hippolyte, Roderen). Le gisement de Lalaye, formé plus tard, semble supérieur aux couches de Sarrebrück, enfin le gisement d'Erlenbach semble pouvoir être rapporté à la fin de l'époque stéphanienne.

Dans les Vosges, les couches carbonifériennes sont intimement unies aux premières assises permiennes.

Plateau central. — La mer dinantienne a pénétré jusqu'au Plateau central de la France et y a laissé une série de dépôts marins, puis une émersion de la région a succédé à cette invasion marine et durant la période westphalienne, aucun dépôt ne s'est effectué. Plus tard, des dépressions se sont produites, et les débris végétaux accumulés dans les nombreuses parties profondes ont engendré les bassins houillers du centre (fig. 8).

Le système carboniférien, dans la région centrale de la France, débute par la grauwacke quartzo-schisteuse du Roannais qui contient des lentilles de calcaire fossilifère, renfermant des *Productus* : *P. semireticulatus*, *P. giganteus*, *Spirifer lineatus*, *Euomphalus pentangulatus*. Ces calcaires sont abondants surtout à Régny.

Superposé au calcaire de Régny et à la grauwacke du Roannais, vient le grès anthracifère du Roannais, qui est un tuf orthophyrique renfermant des empreintes végétales. L'anthracite s'y rencontre suivant le mode de gisement dit en chapelets. Le grès

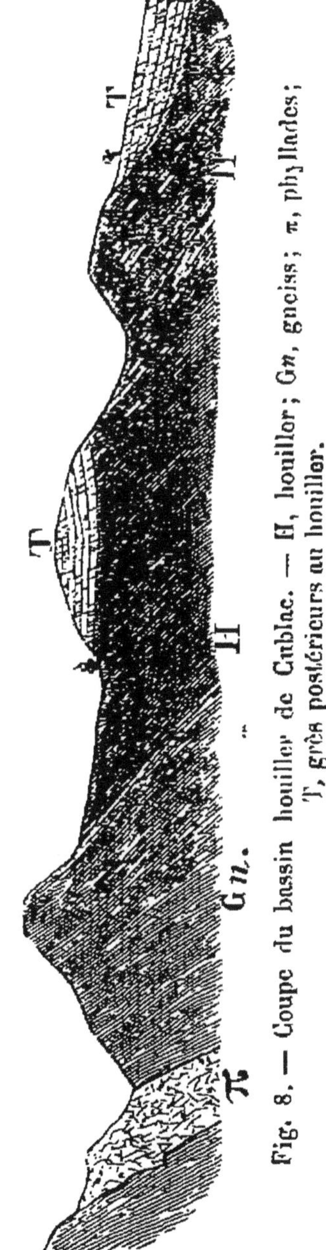

Fig. 8. — Coupe du bassin houiller de Cublac. — H, houiller; Gn, gneiss; π, phyllades; T, grès postérieurs au houiller.

anthracifère se retrouve dans le Forez et le Morvan.

Avec l'étage westphalien se sont produits sans doute les épanchements de granophyres de la région, et l'activité sédimentaire interrompue, a repris.

L'étage stéphanien se compose des bassins houillers de Rive-de-Gier et de Bessèges, plus anciens que le principal faisceau de Saint-Étienne et que celui de la Grand'Combe. Enfin le bassin de Commentry, dont la flore est riche en *Calamodendrées* et dont les schistes ont fourni un grand nombre d'*Insectes*, constitue l'horizon le plus élevé de l'étage.

Armorique et Normandie. — Le grand massif des terrains anciens qui comprend le Cotentin, la Bretagne et la Vendée, était émergé au début de la période carboniférienne. De grands plissements s'y manifestèrent dès la période dévonienne; ils s'accentuaient encore, et la mer dinantienne y pénétrant laissait des dépôts d'une certaine importance. Plus tard, par suite des mouvements du sol, il ne subsistait que des cuvettes destinées à être comblées par les apports des rivières et qui ont donné naissance à un certain nombre de petits bassins.

L'horizon le plus inférieur de l'étage dinantien est représenté par les grès grossiers et les poudingues à anthracite de la Sarthe et de la Mayenne.

A peu près à la même époque, la dépression qui, de Laval à Brest, avait reçu les dépôts dévoniens, était envahie par la mer dinantienne et les bassins de Châteaulin et de Laval prenaient naissance. Les fossiles des schistes de Châteaulin, *Spirifer striatus*, *Productus semireticulatus*, *Phillipsia*, appartiennent à l'horizon de Visé. Au nord du petit bassin de Châteaulin s'étendent sur une assez grande longueur les tufs verts du Huelgoat, très analogues aux tufs orthophyriques du Roannais. Les couches correspondantes se trouvent dans le bassin de Laval, et, à leur partie supérieure, se montrent des calcaires, des schistes et des grauwackes, connus sous le nom de *schistes* et de *calcaires de Laval* qui représentent les premières assises du westphalien.

Ce même étage semble représenté aussi en Vendée et dans le Poitou par les bassins houillers de Saint-Laurs, de Chantonnay et de Vouvant. La flore qu'on a pu y étudier est d'âge westphalien. Les sédiments du terrain houiller montrent encore à Teillé et à Rochefort-sur-Loire des schistes et des poudingues à *Cordaïtes*, et à *Dictyopteris*, genres appartenant à la flore westphalienne supérieure.

Quant à l'étage stéphanien, sa partie moyenne est représentée par le gisement houiller de Saint-Pierre-la-Cour superposé à des grès et à des schistes où la flore stéphanienne a été reconnue. Cette flore s'est retrouvée dans le Finistère, dans les bassins peu importants de Kergogne, de Quimper et de Plogoff, qui renferment des schistes charbonneux, des arkoses, des psammites et des poudingues.

Enfin, la partie supérieure du stéphanien se montre dans les bassins de Littry (Calvados) et de Plessis (Manche), qui sont recouverts en stratifications concordantes par le permien.

Les bassins de l'Armorique, du Cotentin et de Laval ne donnent pas lieu à une exploitation sérieuse de la houille, à l'exception du gisement de Saint-Pierre-la-Cour, dont les schistes renferment des couches de houille de quinze à soixante-dix centimètres de puissance.

Équivalence des assises carbonifériennes en France.

	Armorique.	*Bassin franco-belge.*	*Plateau Central.*
STÉPHANIEN.	Bassins de Littry et de Plessis. Bassin de Quimper. Bassin de St-Pierre-la-Cour.		Couches de Commentry et Decazeville. Étage de la Grand'-Combe. Étage de Bessèges et de Rive-de-Gier.
WESTPHALIEN.	Schistes de Rochefort-sur-Loire et de l'Écoulé. Bassins de Chantonnay et de Saint-Laurs. Schistes et calcaires de Laval.	Couches du Pas-de-Calais. Charbon gras et demi-gras. Houilles maigres. Bassin d'Annœulin. Ampélites de Chokier.	
DINANTIEN.	Tufs du Huelgoat. Schistes de Châteaulin. Grès et poudingues à anthracite.	Calcaire de Visé. Dolomie de Namur Calcaire de Waulsort. Calcaire de Tournai.	Grès à anthracite. Tufs orthophyriques du Roannais. Schistes de Régny. Grauwacke du Roannais.

Europe méridionale. — Dans le bassin méditerranéen, il n'y a que de petits bassins sans dépôts étendus de houille.

En dehors de ces bassins, se montrent des dépôts marins qui témoignent d'un régime pélagique uniforme, accusé par les *couches à Fusulines* qui équivalent au terrain houiller.

Le bassin méditerranéen, qui joue un rôle si important dans la géologie de l'Europe, apparaît ainsi pour la première fois.

Russie. — En Russie, le système carboniférien est envahi par des formations pélagiques qui donnent naissance à un faciès dit *asiatique*, que l'on retrouve dans l'Amérique du Nord, au voisinage des Montagnes Rocheuses.

En Russie, l'étage moyen et l'étage supérieur du système carboniférien sont représentés par des sédiments marins intimement liés aux couches permiennes. Si l'on excepte le bassin du Donetz, les gisements de houille exploitable appartiennent à l'étage inférieur.

On peut distinguer trois bassins : celui du Donetz, celui de Moscou et celui de l'Oural.

Bassin du Donetz. — Il concorde avec le faciès occidental du westphalien.

Les couches de houille sont anthraciteuses à la base.

Elles alternent avec des schistes à *Spirifer mosquensis* et reposent sur des calcaires à *Productus giganteus* surmontant des grès, des schistes et des conglomérats ;

Elles sont surmontées par des calcaires à Fusulines, avec argiles et psammites.

Bassin de Moscou. — Le bassin de Moscou est de beaucoup le plus vaste des trois.

Il offre, à sa partie supérieure, de la houille exploitable, en couches dans des grès et des sables quartzeux, avec lits calcaires à *Productus giganteus*.

La flore de cette houille avec des *Stigmaria* et *Lepidodendron Veltheimianum*, est celle du dinantien.

Comme l'ensemble repose sur des couches où les fossiles carbonifériens sont mélangés aux fossiles dévoniens, il n'y a pas de doute que cette houille n'appartienne à l'étage dinantien, de même que les calcaires à *P. giganteus* qui surmontent les couches de houille.

C'est au-dessus de ces calcaires qu'apparaît le *moscovien*, équivalent marin du westphalien. C'est un ensemble de calcaires blancs avec *Spirifer mosquensis* et *Fusulina cylindrica.*

Bassin de l'Oural. — Dans le bassin de l'Oural, les couches de houille à *P. giganteus* existent à la base du système.

Ces couches supportent des calcaires à silex contenant *Phillipsia globiceps* et *Productus giganteus.*

Plus haut vient le calcaire moscovien avec *Fusulina cylindrica* et *Fusulinella.*

Ce calcaire moscovien est surmonté par une production marine, le calcaire ouralien avec *Fusulina longissima, F. uralica, Productus cora, P. uralicus.*

A la partie supérieure de l'ouralien se montre *Fusulina Verneuilli* et des *Schwagerina,* ainsi que des Céphalopodes du genre *Pronorites.*

L'ouralien supporte en concordance les couches d'Artinsk, à *Ammonitidés,* que leur faune et leur flore rapportent à la base du *permien.*

Le type marin des bassins de l'Oural et de Moscou, caractérisé par les grandes *Fusulines* se retrouve, avec moins de netteté toutefois dans les Alpes orientales.

D'après les recherches géologiques faites en Asie, on doit admettre que la mer ouralienne, commençant dans la région actuelle des Alpes méridionales, s'étendait jusqu'au Pacifique. Cette mer rencontrait dans le nord de l'Europe un continent boréal, sur les rivages duquel les dépôts ont pris leur caractère particulier.

Équivalence des assises carbonifériennes de l'Angleterre et de la Russie.

	Angleterre.	Russie.
Stéphanien ou Ouralien	Couches de Sandwell-Park.	Calcaire à *Fusulina Verneuilli*, *Schwagerina* et *Pronorites*.
	Partie supérieure des *Upper coal measures*.	Calcaire de l'Oural à *Fusulina longissima*.
Westphalien ou Moscovien	Partie inférieure des *Upper coal measures*. *Upper coal measures* d'Écosse, *Middle coal measures* d'Angleterre. *Millstone grit*.	Calcaire à *Spirifer mosquensis*, *Fusulina cylindrica* et *Fusulinella*. Houilles du Donetz.
Dinantien	Série d'Yoredale. *Lower coal measures* d'Écosse.	Calcaire à *Productus giganteus*.
	Mountain limestone.	Houilles de l'Oural et de Moscou.
	Grès calcifère d'Écosse.	Calcaire à *Productus*.

CHAPITRE V

SYSTÈME PERMIEN

Caractères de la période permienne. — Le système permien est relié, en bien des points, d'une manière très intime au système carboniférien ; cependant, les types marins, peu développés en Europe, prennent en Asie et aux États-Unis d'Amérique une très grande importance. D'autre part, la faune diffère essentiellement de la faune carboniférienne par l'apparition des premiers *Ammonoïdes* vrais.

La période permienne est, en outre, marquée par une continuation de l'activité éruptive qui s'est manifestée durant la période précédente par des épanchements de roches porphyriques.

Deux faits géographiques caractérisent la période permienne : Une tendance de la mer à reconquérir, dans l'hémisphère boréal, les terres qu'elle avait abandonnées durant les temps stéphaniens. Les dépôts permiens sont, en effet, partout transgressifs sur les formations antérieures.

Dans les latitudes australes le contraire a lieu. Du Brésil à l'Australie se développe un continent qui ne disparaîtra que beaucoup plus tard.

Faune. — *Rhizopodes*. — Les Rhizopodes sont, durant les temps permiens, constamment représentés par les familles des *Astrorhizidés* (*Saccamina*) ; des *Lituolidés* (*Endothyra*, *Trochammina*) ; des *Textularidés* (*Textularia*, *Cribrostomum*, *Clavulina*, *Climacammina*); des *Rotalidés* (*Planorbulina*, *Spirillina*) ; des *Nummulinidés* (*Fusulina*, *Hemifusulina*, *Schwagerina*).

Spongiaires. — La famille des *Pharétrones* continue son développement ; les familles et même les genres de *Lyssacinés*, de *Dictyoninés* et de *Lithistidés* vivant pendant la période carboniférienne, persistent dans les temps permiens.

Cœlentérés. — Les *Cœlentérés* sont représentés par des familles de *Tétracoralliaires*, de *Favositidés* et de *Monticuliporoïdes*.

Échinodermes. — Les *Blastoïdes* ont disparu, les *Crinoïdes* ne sont représentés que par des *Ichthyocrinacés* (*Taxocrinus*); les *Tétraplacidés* (*Eocidaris*, *Archæocidaris*, *Lepidocidaris*) représentent seuls la classe des *Échinides*, tandis qu'au nombre des *Astéroïdes* figurent les *Euastéridés* et les *Euophiuridés*.

Vers Lophostomés. — Les *Bryozoaires* du sous-ordre des *Gymnolèmes* (*Fenestrella*) ; parmi les *Brachiopodes*, les *Productidés*, les *Obolidés*, les *Trimérellidés*, s'éteignent peu à peu, l'importance des *Spiriféracés* diminue, les *Térébratulacés* subissent un arrêt dans la marche de leur développement, les *Thécidiacés* disparaissent momentanément.

Mollusques. — Les Gastéropodes apparus dans les couches cambriennes persistent, les genres *Euomphalus* et *Bellerophon* conservent l'importance qu'ils avaient acquise dans la période carboniférienne. Quelques *Pulmonés stylommatophores* se montrent à la fin de la période, et, parmi les *Ptéropodes*, les *Conularidés* perdent leur prépondérance.

Les Lamellibranches les plus répandus appartiennent à l'ordre des *Anisomyaires* (*Avicula*, *Pteronites*, *Pseudomonotis*, *Myalina*, *Gervillia*, *Modiola*, *Mytilus*, *Lithodomus*, *Aviculopinna*, *Pinna*); les *Pectinidés* sont moins répandus (*Pleuronectites*, *Hinnites*). Les *Schizodontes* ne figurent guère que par le genre *Schizodontus*. Parmi les *Eulamellibranches*, il faut citer les genres *Megalodon*, *Anthracosia*, *Carbonicola*. Enfin les Paléoconques ne sont représentés que par le genre *Janeia*.

Parmi les *Céphalodopes*, la sous-classe des *Tétrabranchiaux* est pauvrement représentée (*Orthoceras*, *Nautilus*); les *Goniatitidés* conservent l'importance qu'ils ont eue dans la période précédente. Mais le fait important est l'apparition, à côté des *Goniatitidés*, de formes intermédiaires entre cette famille et celle des *Latisellés*. Le genres *Agathiceras*, *Popanoceras* touchent encore de près aux Goniatites, tandis que les genres *Stacheoceras*, *Waagenoceras*, *Cyclolobus*, conduisent à la forme *Hyattoceras* qui est un *Ammonite*.

Articulés. — Parmi les Branchiaux, il faut citer les *Phyllopodes*, les *Ostracodes*, les *Phyllocaridés* comme extrêmement répandus; les *Décapodes macroures* ont aussi quelques représentants. Parmi les

Paléostracés, les *Mérostomes* ont complètement disparu, et les *Trilobites* ne sont plus représentés que par une espèce de *Phillipsia* trouvée dans les assises américaines.

Vertébrés. — L'époque permienne a fourni de nombreux échantillons de *Branchiosauriens*, de *Microsauriens* et de *Labyrinthodontes*. Vers la fin de la période apparaissent les premiers Reptiles. Ce sont des *Théromorphes Cotylosauriens (Pantylus, Chilonyx)* et *Thériodontes* (*Dimetrodon, Naosaurus, Empedias*).

Quant aux Poissons, ils sont très abondants, et appartiennent aux ordres et aux sous-ordres déjà représentés dans les temps carbonifériens.

Flore. — La flore permienne montre la décroissance des *Lycopodinées*. Les *Fougères* et les *Équisétinées* gardent leur importance. Les nouvelles formes sont : *Callipteris, Schizopteris, Pecopteris*. Les formes du carboniférien disparaissent à la fin de la période permienne.

Mais les *Gymnospermes* (*Walchia, Ulmannia, Gingkophyllum, Gingko, Sphenozamites*) font leur apparition. Toutefois le genre *Walchia* était déjà connu au terrain houiller.

Divisions en étages. — On a établi dans le système permien trois étages. L'inférieur est l'*autunien* avec faciès marin dit *artinskien;* l'étage moyen est le *saxonien* avec le *penjabien* comme faciès marin; l'étage supérieur est dit *thuringien*, c'est l'ancien *zechstein*.

Saxe. — En Saxe, le système permien est très bien développé, et longtemps on l'a considéré comme formé de deux étages, l'un d'eau douce, le *grès rouge*, l'autre marin, le *zechstein*. Cette division en deux étages a fait donner au système le nom de *dyas* que quelques auteurs allemands lui ont conservé.

La liaison du système permien avec les couches

stéphaniennes sous-jacentes se fait par des schistes bitumineux (*Brandschiefer*) où abondent des débris de Poissons. Ces schistes ont fourni, à Weissig, une flore qui offre un mélange des végétaux stéphaniens et des végétaux du saxonien.

Les grès rouges (*Rothliegendes*) consistent en une succession de conglomérats, de grès et de schistes argileux. Les conglomérats, dont le ciment est rarement calcaire, contiennent, à la partie supérieure surtout, des galets de mélyphyre et de porphyre. La couleur des grès est le brun ou le rouge, teinte affectée aussi par les argilotites très abondantes dans la région.

Les couches supérieures de l'étage du grès rouge sont formées par des grès blancs (*Weissliegendes*).

Au grès rouge succède le *zechstein* qui montre, par sa composition lithologique, que durant l'époque permienne le centre de l'Allemagne était occupé par une mer peu profonde. L'assise la plus inférieure est un conglomérat avec grès calcaire et argile schisteuse, subordonnés à une faible assise de schiste bitumineux, cuivreux avec chalcopyrite, chalcosine, cuivre natif, et argent. Ce schiste est très riche en débris de *Poissons* (*Palæoniscus*, *Platysomus*).

Le *zechstein proprement dit*, qui vient ensuite, est un calcaire argileux dans lequel les *Fenestrella* forment de véritables récifs.

Ce calcaire, très fossilifère, renferme : *Productus horridus*, *Terebratula elongata*, *Schizodus obscurus*, *Gervillia ceratophaga*, *Pecten pusillus*, *Strophalosia Goldfussi*, *Spirifer undulatus*.

Les assises qui surmontent le calcaire consistent en dolomie caverneuse, rude au toucher, ayant l'aspect d'une scorie (*cargneule*) ; mélangée à une dolomie meuble, bitumineuse (*cendre*), en gypse passant à l'anhydrite, en dolomie fétide très calcaire (*Stinkstein*), en argiles brunes et bleues avec lentilles de dolomie et de calcaires, enfin en un dernier dépôt de gypse qui termine, dans la région, le système permien.

C'est dans cette assise supérieure que se trouve le gisement de Stassfurt. Au-dessous d'une nappe de gypse et séparés d'elle par des argiles salifères, apparaissent 170 mètres de sel gemme mélangé de sulfates et de chlorures. Le chlorure de potassium domine dans la première zone, le sulfate de magnésium dans la zone moyenne, et le sulfate triple de calcium, de magnésium et de potassium dans la zone inférieure. Cette dernière assise repose sur un banc de sel gemme, divisé par des traînées d'anhydrite.

On admet, pour expliquer la formation de ce dépôt, l'existence d'un bassin profond en voie d'évaporation, séparé de la mer par une bande de terre voisine de la surface de l'eau et permettant une concentration avancée de l'eau.

Région des Vosges. — Le système permien dans les régions des Vosges se lie très intimement au carboniférien (fig. 9).

Le terme de passage est effectué par des schistes à *Callipteris*, des arkoses, et des conglomérats à galets de porphyre et de gneiss (*couche de Trienbach*). Au-dessus, des grès et des conglomérats rouges forment un horizon, auquel s'associent souvent des argilolites qui, à Faymont (Val d'Ajol), ont fourni de nombreux troncs de *Cordaïtes* et de *Fougères*.

L'étage inférieur se termine par des schistes avec intercalations de calcaires et de dolomies (*schistes de Heisenstein*).

L'étage saxonien est formé par des grès rouges dits *grès rouges moyens*, renfermant des coulées de mélaphyre. Il est subordonné à des tufs et à des argiles schisteuses (*tufs et argiles de Meisenbuckel*).

Enfin, le *grès rouge supérieur* passe souvent à

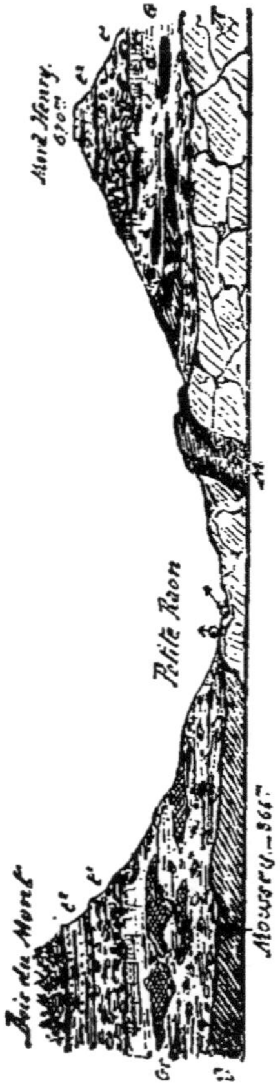

Fig. 9. — Coupe du grès rouge dolomitique (environs de Moussey) (d'après M. Vélain). — t^1, grès vosgien; t^2, grès bigarrés; *Gr*, grès rouge permien: *d*, rognons d'agate et galets de mélaphyre; M, mélaphyre; N, porphyre quartzifère; S, schistes carbonifères.

l'état de conglomérats et de brèches, auxquels sont

superposés des mélaphyres andésitiques et des tufs (fig. 10).

Dans la Forêt-Noire, l'étage se termine par un aggloméral porphyrique qui supporte un sable argileux entremêlé de dolomies brunes et de calcédoine.

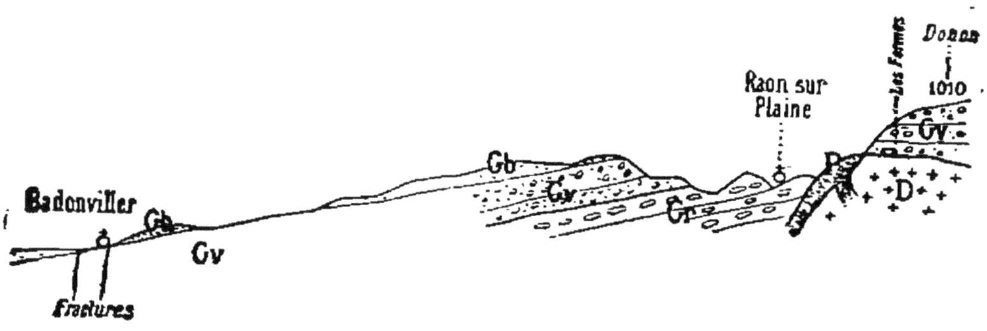

Fig. 10. — Coupe géologique du versant lorrain des Vosges. — D, diorite; P, porphyre; Gr, grès rouge (permien); Gv, grès vosgien; Gb, grès bigarré (Bleicher, *Guide du géologue en Lorraine*).

Plateau central. — L'étage inférieur du permien est très bien développé dans les environs d'Autun. On trouve, à Igornay, des couches de houille, dont la flore renferme beaucoup d'espèces carbonifériennes. C'est une couche de passage. On y trouve *Callipteris conferta*, *Walchia piniformis* et des *Sigillaria*.

Une deuxième assise, exploitée à Muse, renferme *Calamites gigas*, *Odontopteris obtusiloba*, *Callipteris conferta*.

L'assise de Millery dite *bog-head* possède une flore indiscutablement permienne, où abondent les *Callipteris* et les *Walchia*. On a constaté dans cette couche la présence de thalles d'Algues d'eau douce, auxquelles sont associées les grains de pollen des Cordaïtes.

A tous les niveaux abondent les *Poissons : Palæoniscus Blainvillei*, *P. Voltzi*, *P. angustus*, *Acanthodes pleuracanthus;* les *Branchiosauriens : Protriton petrolei*,

Pleuronoura Pellati, ont été découverts dans les schistes d'Autun ; les *Temnospondyles : Actinodon major, A. Frossardi, Euchirosaurus*, ont été trouvés à Igornay, ainsi que des Stéréospondyles de grande taille, tels que *Stereorachis dominans*.

A divers niveaux, au-dessus des schistes exploités, on a trouvé des bancs de calcaire magnésien à fossiles d'eau douce.

Les étages supérieurs du permien ne se trouvent pas dans l'autunois. On les rencontre dans les bassins de Blanzy et du Creuzot. Les grès rouges du Creuzot occupent des surfaces étendues et appartiennent à la phase saxonienne de l'époque permienne, ils reposent sur des grès gris qui eux-mêmes sont subordonnés à des schistes autuniens renfermant des *Walchia* et des *Callipteris*.

Dans le Bourbonnais, le bassin de Bert renferme une houille en partie permienne, en partie stéphanienne, et montre des grès rouges superposés à une assise à *W. piniformis*. La flore est moins ancienne que celle de Commentry, les schistes sont riches en débris de *Palæoniscus*. L'assise qui surmonte la houille est un grès à *Callipteris annularia* et *Palæoniscus*. Une arkose dite *arkose de Cosne*, avec végétaux permiens, et des grès rouges fins, ou silicifiés, terminent le système dans cette région.

Dans le Limousin, le stéphanien se termine par des grès rouges, et la transition entre cet étage et l'autunien est insensible. L'assise autunienne la plus inférieure renfermant des *Callipteris* est le grès rouge inférieur de Brives, qui correspond par sa flore aux schistes de Muse ; des grès à *Walchia* correspondent aux schistes de Millery, tandis que des argiles et des grès supérieurs riches en Poissons semblent pouvoir être placés au sommet de l'étage.

Équivalence des assises permiennes en Saxe et en France.

	Saxe.	Vosges.	Plateau Central.
AUTUNIEN.	Conglomérats et grès.	Couches de Trienbach. Argilolites de Faymont	Bassin de Bert. Schistes d'Igornay. Grès inférieurs de Brives.
	Schistes de Weissig.	Schistes de Heisenstein.	Schistes de Muse. Grès supérieurs de Brives et schistes de Millery.
	Brandschiefer.		
SAXONIEN.	Grès rouge.	Grès rouge moyen et mélaphyres.	Grès rouges du Creuzot et de Blanzy. Grès rouge de Brives.
	Grès blanc.	Argiles de Meisenbuckel.	Arkose de Cosne.
THURINGIEN.	Schistes cuivreux. Calcaires du zechstein. Cargneule et cendre. Anhydrite. Gypse.	Conglomérats et grès rouges supérieurs. Dolomie de la Hardt.	Grès supérieurs du Bourbonnais.

Russie. — En Russie, le système permien se décompose en trois étages. A la base, le *grès d'Artinsk;* au milieu, le *permien de Kostroma*, et en haut, le *permien de Perm.*

Grès d'Artinsk. — Il consiste en une série de grès entremêlés de schistes, de conglomérats de calcaires et de marnes, qui s'étend de la mer Glaciale aux steppes des Kirghizes. La faune comprend *Phillipsia Grünewaldti*, *Productus cora*, *P. semireticulatus*, *P. artiensis*, *Fusulina Verneuilli* et surtout des Céphalopodes, *Goniatitidés* et *Ammonitidés* (*Pronorites*, *Popanoceras*, *Gastrioceras*, *Agathiceras*, *Thalassiceras*).

En outre dans certaines assises on trouve *Calamites gigas*, *Callipteris conferta*, et d'autres végétaux de l'autunien du Plateau Central français.

Permien de Kostroma. — Il est formé de calcaires dolomitiques et de grès rouges gypsifères, contenant des *Astarte* et des *Productus*.

Permien de Perm. — A cette assise correspondent des calcaires à *Strophalosia*, où des marnes et des sables dans lesquels des lits à *Unio*, *Palæoniscus* et *Archegosaurus* alternent avec des couches marines à *Spirifer* et à *Productus*. Les végétaux sont ceux du Rothliegendes, et au sommet le minerai de cuivre imprègne les grès et les sables.

L'étage supérieur est composé de marnes, d'argiles, de gypse et de calcaire avec les fossiles du thuringien.

Dans l'Oural, les trois étages marins se retrouvent, le premier arénacé, le second dolomitique et gypsifère, le troisième marno-sabieux.

De même que le calcaire carbonifère étendu à travers l'Asie montre que la mer carboniférienne s'étendait jusqu'au Pacifique, de même le faciès marin du permien montre que la mer permienne s'étendait dans les mêmes limites. Ainsi, dans tout l'Himalaya, le permien offre un faciès marin.

Inde. — Le véritable type permien marin se trouve au Penjab. L'étage artinskien est formé par un conglomérat auquel on attribue, parfois, une origine glaciaire, et par un grès brun à *Eurydesma*.

Au-dessus vient un calcaire inférieur à *Fusulines* et à *Productus* (*P. cora*), puis un calcaire moyen à *Productus* et à *Strophalosia*, enfin un calcaire supérieur où l'on trouve avec *P. lineatus* et *P. gratiosus* des *Nautilidés*, des *Orthoceras* et des *Ammonoïdes*.

Le centre de l'Hindoustan était au contraire un continent et les formations de Gondwana et de Damuda montrent des végétaux permiens associés à des restes de *Labyrinthodontes*.

TROISIÈME PARTIE

FORMATIONS SÉDIMENTAIRES DU GROUPE SECONDAIRE

Divisions du groupe secondaire. — Le groupe secondaire comprend des formations sédimentaires qui se sont déposées durant une ère de repos de l'activité éruptive. Les dernières éruptions ont interrompu le dépôt des sédiments permiens, l'atmosphère s'est définitivement purifiée et la végétation a perdu sa puissance. La prépondérance n'appartient plus à des végétaux de terres basses et humides, mais aux Conifères et aux Cycadées. A la fin de la période, apparaissent les premières Angiospermes destinées à prevaloir durant l'ère tertiaire.

Parmi les Vertébrés, la classe des *Poissons* s'enrichit de l'ordre des *Téléostéens* et les *Reptiles* sont de beaucoup les plus nombreux.

Les *Céphalopodes* du genre des *Ammonites* et des *Belemnites* dominent parmi les Invertébrés.

Durant l'ère secondaire, les conglomérats sont rares et le développement abondant des calcaires témoigne de la tranquillité du régime océanique.

Le groupe secondaire se divise en trois systèmes :

1° Le système *triasique*, intimement lié au permien et que plusieurs géologues n'en séparent pas ;

2° Le système *jurassique*, qui occupe le milieu de l'ère ;

3° Le système *crétacique*, qui la termine.

CHAPITRE PREMIER

SYSTÈME TRIASIQUE

Caractères de la période triasique. — Au début des temps triasiques, on voit s'accentuer le mouvement d'immersion qui marque la fin de l'époque permienne; et, de même que les grès rouges débordent les dépôts stéphaniens, de même les sédiments de l'époque triasique vont dépasser les régions atteintes par les couches permiennes.

Dans la partie occidentale de l'Europe, cette tendance ne se manifestera que par des formations d'eau douce et de rivage, mais dans la région méditerranéenne ce régime pélagique se maintient. Du bassin méditerranéen, la mer se répand sur toute l'Allemagne, couvre, dans la région française, toute la Lorraine et arrive jusqu'au bord du Plateau Central.

Cet état de choses dure assez peu, les communications entre la mer germanique et les mers des Alpes orientales et méridionales se comblent, et un régime de lagunes s'établit sur la France, l'Angleterre et une grande partie de l'Espagne. Le régime marin persiste en Italie, de la Sicile aux Alpes vénitiennes, dans le Tyrol, et dans la région des Carpathes. Un faciès terrestre s'est conservé dans l'hémisphère austral.

Faune. — Les *Foraminifères*, les *Spongiaires* et les *Cœlentérés* jouent un rôle peu important et, bien que plusieurs géologues considèrent comme coralliens un certain nombre de massifs calcaires, les polypiers sont rares.

Échinodermes. — Les *Crinoïdes* sont représentés par des *Ichthyocrinacés* et des *Pentacrinacés*, très nombreux.

Parmi les *Échinidés*, les *Diplacidés* font leur apparition avec le genre *Cidaris*.

Vers Lophostomés. — Parmi les *Bryozoaires*, les *Cyclostomes* sont abondants. Dans la classe des *Brachiopodes*, quelques formes paléozoïques ne subissent ni diminution, ni accroissement dans leur évolution, ce sont celles qui persisteront jusqu'à l'époque actuelle (*Lingulacés*, *Discinacés*, *Craniacés*). D'autres entrent en pleine décroissance (*Productacés*, *Spiriféracés*) et ne dépassent pas le milieu de l'ère. D'autres enfin comme les *Térébratulacés* et les *Thécidiacés* ne subissent qu'un amoindrissement momentané.

Mollusques. — La faune des *Gastéropodes* subit des changements importants. Les *Ptéropodes* ont complètement disparu, les *Bellerophontidés* et les *Euomphalidés* deviennent rares. Les *Ténioglosses Rostrifères* (*Pseudomélaniidés*, *Mélaniidés*, *Littorinidés*) prennent la prépondérance et, dans les faciès marins, les *Cérithidés*, les *Fissurellidés*, les *Naticidés*, les *Néritidés*, les *Patellidés* et les *Opisthobranches* sont bien caractérisés.

La classe des *Lamellibranches* se renouvelle profondément. Les *Aviculidés* et les *Taxodontes* paléozoïques persistent sans se modifier, mais la première place leur est enlevée par des groupes importants d'*Anisomyaires*, tels que les *Pectinidés* (*Pecten*), les *Limidés* (*Lima*, *Limea*), des *Inoceraminés* (*Perma*, *Gervillia*, *Hœrnesia*, *Inoceramus*), les *Spondylidés* (*Plicatula*), les *Mytilidés* (*Modiola*, *Lithodomus*, *Mytilus*, *Pinna*), les *Ostréidés* (*Alectryonia*). Enfin les *Daonellidés* sont cantonnés dans les dépôts triasiques (*Daonella*, *Halobia*, *Monotis*).

Le groupe des Céphalopodes est représenté largement par des *Latisellés* (*Lobites*, *Prosphingites*, *Didymites*, *Sphingites*, *Arcestes*, *Ceratites*, *Trachyceras*, *Tirolites*, *Baculites*, *Rhabdoceras*), des *Angustisellés* (*Pinacoceras*, *Megaphyllites*, *Lecanites*), des *Phragmophores* (*Phragmoteuthis*).

Articulés. — Les Articulés sont peu abondants, sauf les *Ostracodes*, et jouent un rôle peu important. Les *Paléostracés* ont complètement disparu.

Vertébrés. — Les Poissons sont très abondants. Tous appartiennent aux ordres paléozoïques, sauf les *Téléostens physostomes.*

Les Batraciens sont représentés par les *Stéréospondyles* (*Metopias, Capitosaurus, Mastodonsaurus*).

Dans la classe des Reptiles, les ordres qui apparaissent dans le trias sont les suivants : *Cotylosauriens* (*Pareiasaurus*), *Procolophoniens* (*Procolophon*), *Thériodontes* (*Lycosaurus, Eupedias*), *Dicyonodontes* (*Udenodon, Dicynodon*), *Ichthyoptérygiens* (*Mixosaurus*), *Sauroptérygiens* (*Simosaurus, Lariosaurus*), *Crocodiliens* (*Belodon*), *Théropodes* (*Zanclodon, Dimodosaurus, Anchisaurus*).

Les Mammifères sont représentés par trois familles de *Pantothériens* et d'*Allothériens* (*Dromatheriidés, Plagiaulacidés* et *Tritylodontidés*), trouvées dans des dépôts américains.

Flore. — La flore du système triasique n'a pas de caractères nettement tranchés.

Les *Conifères* (*Albertia, Voltzia*), les *Cycadées* (*Pterophyllum*), les *Fougères* (*Anomopteris, Nevropteris, Teniopteris, Chelepteris*), les *Equisetacées* (*Equisetum, Schizoneura*) sont abondantes.

Divisions en étages. — On divise le système triasique en quatre étages.

Le plus inférieur, qui est représenté dans l'Europe occidentale par le *grès des Vosges*, est nommé étage *werfénien*, il est caractérisé par des Céphalopodes du genre *Tirolites.*

Le second étage est le *virglorien* caractérisé par des Ammonoïdes du genre *Ceratites,* il a pour équivalent dans l'Europe occidentale le *Muschelkalk inférieur* et les *grès bigarrés.*

Au-dessus du *virglorien* vient l'étage *tyrolien* mal représenté dans l'Europe occidentale.

Le système est terminé par l'étage *juvavien* ayant pour équivalent les *marnes irisées* de l'Europe occidentale.

Région des Alpes orientales. — Le système triasique présente dans la région des Alpes Orientales une succession de dépôts marins que l'on ne retrouve pas dans l'Europe occidentale. Le système offre la série des couches suivantes :

ÉTAGE WERFÉNIEN. — Est nettement caractérisé à Werfen, près de Salzbourg.

Les couches reposent sur le grès rouge. Ce sont des schistes et des argiles avec intercalation de gypse et de sel gemme.

Les fossiles les plus abondants sont des *Tirolites* : *T. cassianus*, *T. dalmatinus*, *T. idrianus* ; on y trouve aussi *Naticella costata* et *Posidonia Claræ*.

ÉTAGE VIRGLORIEN. — Est bien caractérisé, dans les Alpes Rhétiques, au col de Virgloria.

Il est représenté par des calcaires de couleur foncée, des grès rouges, des conglomérats et des dolomies.

Les fossiles caractéristiques sont *Ceratites binodosus*, *C. trinodosus*, *Spiriferina Mentzeli*, *Retzia trigonella*.

ÉTAGE TYROLIEN. — Débute par des calcaires gris noduleux avec silex, ils renferment *Trachyceras Reitzi*, *T. Curioni*, *T. Archelaus*, *Daonella Lommeli*. Les couches à *T. Reitzi* et *T. Curioni* sont les *calcaires du Buchenstein*. Les assises à *T. Archelaus* et *Daonella* sont des schistes et des grès; on les nomme *couches de Wengen*. Ces schistes passent à des calcaires, puis à un puissant massif dolomitique dit *dolomie du Schlern*, dans lequel on observe des polypiers en abondance. On suppose que la dolomie a été produite par la transformation d'un calcaire corallien sous l'influence d'émanations ou d'infiltrations magnésiennes.

Supérieurement à la dolomie du Schlern viennent des tufs de porphyre augitique avec roches oolithiques et des marnes calcaires brunes. Ce sont les couches de Saint-Cassian, riches en Ammonoïdes et caractérisées par *Trachyceras Aon*. On y rencontre aussi des *Orthoceras : O. politum*, *O. elegans* et *O. ellipticum*. Les Échinodermes sont aussi très nombreux, *Cidaris flexuosa*, *C. dorsata*, *Encrinus Cassianus*, *Pentacrinus propinquus*. L'étage tyrolien est terminé par les couches de Raibl (Carinthie), succession de marnes à *Myophoria Kefersteini*, de calcaire à grands Ammonoïdes, de dolomies et de marnes grises à *Perna aviculæformis* et *Anoplophora Munsteri*. Au sommet du Schlern les couches de Raibl sont tantôt sableuses et ferrugineuses, tantôt marneuses et calcaires.

Étage juvavien. — Débute dans la région Alpine par de puissants massifs dolomitiques connus sous le nom de *grande dolomie* ou *dolomie principale*, dans laquelle se trouve intercalé un calcaire à plaquette contenant *Avicula exilis* et *Turbo solitarius*. L'étage se termine par la puissante assise des calcaires bariolés ou marbres de Hallstadt, à la base de laquelle sont placés d'importants gisements salifères. Les calcaires de Hallstadt renferment de nombreux Ammonoïdes, *Pinacoceras parma*, *P. Metternichi*, *Didymites globus*, *Arcestes ruber*. Au sommet apparaît une *Daonellidé*, *Monotis salinaria* qu'on rencontre dans beaucoup de faciès pélagiques du système.

Assises triasiques dans les Alpes Orientales.

JUVAVIEN	Dolomie supérieure. Calcaire de Hallstadt.
TYROLIEN	Calcaires du Buchenstein. Couches de Wengen. Dolomie du Schlern. Couches de Saint-Cassian. Couches de Raibl.
VIRGLORIEN	Calcaire du col de Virgloria, à *Cératites*.
WERFÉNIEN	Couches à *Tirolites* des environs de Salzbourg.

Souabe et Franconie. — Les dépôts triasiques de ces contrées offrent une composition moins normale que celle du trias alpins. Dans ces régions, qu'on désigne sous le nom de *province germanique*, la mer avait peu ou pas d'accès; de là des différences considérables avec le type marin.

Le trias germanique offre, à la base, une formation littorale arénacée où dominent les végétaux terrestres, c'est le *grès bigarré*. Au milieu, une formation calcaire et marine avec gisements de sel, le *Muschelkalk*, et, au sommet, des marnes, des gypses et des grès où dominent les végétaux terrestres, le *Keuper*. Les dépôts du grès bigarré et du Keuper sont entremêlés de couches marines, ce qui prouve que ces assises ont pris naissance dans des lagunes que le régime marin envahissait souvent. Parmi les fossiles marins, quelques-uns se retrouvent dans toute la hauteur du système : ce sont *Pecten Albertii, Gervillia socialis, Myophoria vulgaris, Natica Gaillardoti*.

GRÈS BIGARRÉ. — On peut distinguer trois assises principales dans le grès bigarré :

1° Une assise inférieure formée de grès et d'argiles bariolées ou rouges, offrant parfois des couches de marne oolithique à ciment argileux (*rogenstein*).

2° Une assise moyenne des grès bigarrés proprement dits, avec plaquettes schisteuses garnies d'Ostracodes (*Estheria*). Cette assise est riche en débris d'*Équisétacées*, de *Fougères* et de *Conifères*.

3° Une assise supérieure constituée par des marnes et des argiles bariolées avec gypse, sel et dolomie (*röth*), elle est caractérisée par un Ammonoïde voisin des *Ceratites*, *Reineckia tenuis*, et par des Lamellibranches, *Myophoria vulgaris*, *M. costata*. Le röth correspond partiellement au virglorien.

Muschelkalk. — Le Muschelkalk ou calcaire coquillier peut être divisé en deux assises : le *Muschelkalk inférieur* ou *Wellenkalk* et le *Muschelkalk supérieur*.

Le Wellenkalk renferme des dolomies, il est, à sa base, peu fossilifère ; les zones riches sont formées d'un calcaire spongieux, gris rempli de vacuoles (*Schaumkalk*). Elles renferment des Ammonoïdes parmi lesquels *Ceratites trinodosus* qui est caractéristique de l'étage virglorien. On y trouve encore *Encrinus liliiformis*, *Gervillia socialis*, *Terebratula vulgaris*. Le schaumkalk est surmonté par des dolomies avec anhydrite, gypse et sel renfermant à Erfurt des dents et des os de *Reptiles*.

Le Muschelkalk supérieur débute par calcaire pétri de tiges d'*Encrinus liliiformis* (calcaire à entroques), au-dessus duquel viennent des couches de marne très riches en *Ceratites*, les *Pecten* et les *Lima* sont aussi très abondants.

L'étage du Muschelkalk se termine par une horizon dolomitique où l'on rencontre de nombreux *Crustacés*.

Le Muschelkalk correspond, en résumé, en partie au virglorien, en partie au tyrolien inférieur.

Keuper. — Le Keuper est formé d'assises argileuses et de marnes bariolées, alternant avec des grès. On y distingue deux assises :

1° La *Lettenkohle*, formée de grès, d'argiles schisteuses et de schistes marneux dans lesquels s'intercalent quelquefois des lignites ou des houilles argileuses difficilement exploitables. La Lettenkohle est très riche en végétaux. Elle est surmontée d'une dolomie qu'on nomme *dolomie limite*, qui contient des fossiles marins : *Gervillia socialis*, *Terebratula vulgaris*, *Myophoria Goldfussi* et un *Nautile* analogue à ceux qu'on a quelquefois rencontrés dans les couches de Saint-Cassian.

En certains points, la Lettenkohle renferme des couches formées d'une brèche à ossements, les dents de *Ceratodus* et les restes de *Mastodonsaurus* y abondent.

2° Le *Keuper supérieur* est formé à la base de marnes bariolées renfermant du gypse. Au-dessus viennent les grès de Stuttgart ou grès à roseaux et le grès à *Semoniotus* (Lépidostéoïde), qui renferme de nombreux débris de Crocodiliens (*Aetosaurus*, *Belodon*).

Région des Vosges. — Le système triasique présente dans les Vosges la même allure générale qu'en Souabe et en Franconie. Cependant, entre le grès bigarré et les dernières assises du permien, s'étend l'étage du grès des Vosges qui fait défaut à la province germanique (fig. 11 et 12).

Le grès des Vosges est un grès grossier à grains de quartz souvent cristallisés, reliés par un ciment de peroxyde de fer qui donne à la masse une couleur rouge brique. Le grès des Vosges n'est pas fossilifère.

Il supporte sans discordance le grès bigarré ou grès à *Voltzia* qui renferme souvent des plantes terrestres et des débris de Reptiles (*Nothosaurus*, *Odontosaurus*) et de Labyrinthodontes (*Mastodonsaurus*).

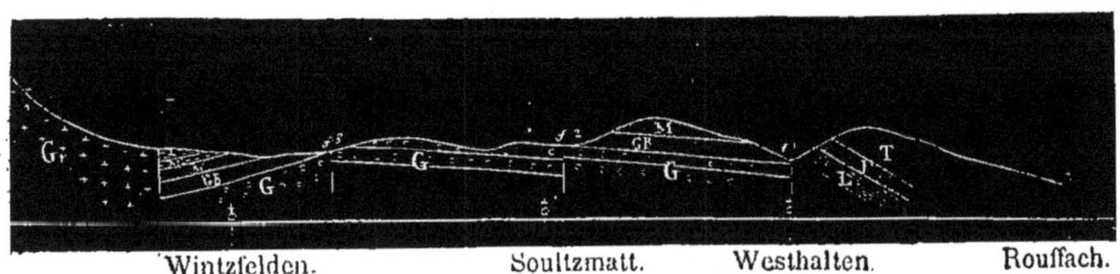

Fig. 11. — Coupe géologique du versant alsacien des Vosges. — *Gr*, granite ; G, grès vosgien ; GB, grès bigarré ; M, muschelkalk ; *Mi*, marnes irisées ; L, lias ; *Li*, bajocien ; T, tongrien (oligocène) ; f^1, f^2, f^3, failles (d'après M. Bleicher).

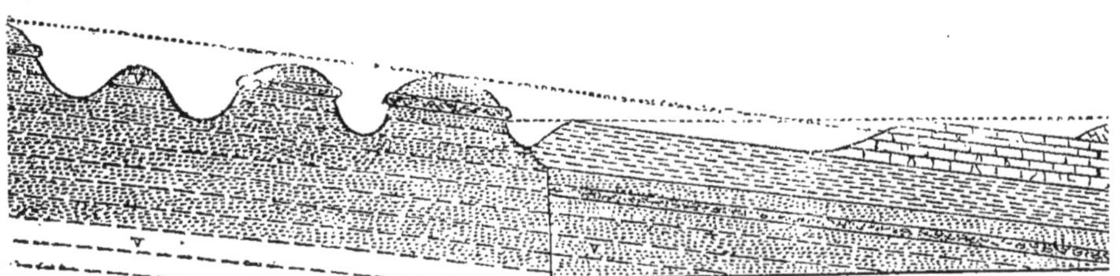

V. -Grès des Vosges. **t^1. Grès bigarré.** **t^2. Muschelkalk.** **t^3. Marnes irisées.**

Fig. 12. — Coupe figurant la disposition relative des grès des Vosges et des autres assises du trias aux environs de Rambervillers (Dufrénoy et E. de Beaumont).

Dans les Vosges, le Muschelkalk est représenté par un calcaire compact, qui renferme *Encrinus liifoormis*, *Ceratites nodosus*, *Gervillia socialis*, *Myophoria vulgaris*, *Lima striata*, *Natica Gaillardoti*. A sa partie supérieure il renferme des brèches osseuses (bone-bed) remplies de débris de Poissons et de Reptiles. Le Keuper est représenté par des assises de marnes argileuses à couleurs vives où dominent le rouge et le vert et auxquelles on a donné le nom de *marnes irisées*.

France. — On ne trouve en France que peu d'affleurements triasiques. Aux environs d'Autun, se trouvent des arkoses avec empreinte de Labyrinthodontes. Elles sont recouvertes directement par le rhétien.

A Couches-les-Mines, dans la même région, le Keuper est développé sous forme de marnes bariolées avec rognons de calcaires et de gypse. Au sommet du Keuper apparaît une dolomie avec *Myophoria*, *Natica* et *Avicula exilis*.

Aux environs de Mâcon, le système triasique comprend :

1° Des grès grossiers à *Voltzia* et empreintes de Labyrinthodontes;

2° Un calcaire dolomitique (Muschelkalk) avec *Myophoria Goldfussi* et dents de Poissons;

3° Une arkose des marnes bariolées et des cargnieules représentant le Keuper.

La même coupe se trouve dans la Nièvre.

Sur la bordure septentrionale du Plateau Central, le trias se montre sous son aspect ordinaire de grès rouges et de marnes.

Dans les régions Pyrénéennes, le trias affleure au sud de Bayonne sur les flancs de la Rhune. On y découvre :

1° Des poudingues à galets impressionnés tels

qu'on en rencontre dans le grès des Vosges ;

2° Des grès bigarrés;

3° Des argiles bariolées équivalentes au Keuper.

En outre, on rapporte au trias des affleurements de marnes irisées salifères, que l'on rencontre sur divers points du massif pyrénéen occidental.

Équivalence des assises triasiques.

	Vosges.	*Souabe et Franconie.*
Juvavien.........	Marnes irisées.	Keuper supérieur.
Tyrolien.........	Dolomie et gypse. Calcaire à entroques. Muschelkalk à *Cératites.*	Muschelkalk à *Cératites.* Lettenkolhe. Dolomie limite.
Virglorien.......	Grès à Voltzia.	Wellenkalk. Röth et grès bigarré.
Werfénien.......	Grès des Vosges et conglomérats.	Grès bigarré et conglomérats.

CHAPITRE II

SYSTÈME JURASSIQUE

Caractères de la période jurassique. — La position occupée par les sédiments jurassiques prouve une invasion marine qui ne laisse dans l'Europe centrale que des îles; le caractère de ces invasions est la tranquillité avec laquelle elles ont dû s'accomplir. Mais il y a d'autres différences avec les temps primaires et l'époque triasique. En effet, durant ces périodes, les invasions marines auxquelles était soumise l'Europe, laissaient de vastes étendues d'eau salée ou saumâtre, dont l'évaporation a laissé des dépôts gypseux ou salifères, et les anciens rivages sont parfois impossibles à discerner. Dans les temps jurassiques, au contraire, les rivages ont une grande stabilité, et leur délimitation est, pour chaque époque, assez facile. En outre, les mers, ou les bras de mer environnant l'archipel européen central, communiquent librement, des courants s'y établissent et l'échange des faunes est aisé d'une latitude à une autre.

Grâce à la stabilité des terres, les phénomènes d'érosion diminuent d'importance, les sédiments détritiques sont remplacés dans beaucoup de points par des calcaires issus de l'activité organique (A. de Lapparent).

Divisions en séries. — On distingue dans le système jurassique trois séries. La série *inférieure* ou *liasique*, comprend l'*infra-lias* et le *lias* des anciens auteurs (c'est le *Jura noir* primitif). La série *moyenne* ou série *médio-jurassique*, embrasse des assises où les formations détritiques cèdent peu à peu la place aux dépôts calcaires. La série *supérieure* ou série *supra-jurassique*, contient presque exclusivement des calcaires (c'est le *Jura blanc* primitif).

I. — Série liasique.

Caractères de la série liasique. — Durant les temps triasiques, la mer laissait sur l'Europe occidentale un régime de lagunes. Au début de la période liasique, elle reconquiert les territoires abandonnés. Toute différence disparaît entre les Alpes et les contrées septentrionales.

En France, la mer liasique laisse subsister trois îles importantes, l'Armorique, le Plateau Central et l'Ardenne. En Écosse, elle couvre l'île de Skye et s'étend jusqu'à la pointe de Sutherland.

Aucune roche éruptive ne se manifeste à la surface, le gypse et le sel gemme cessent de se déposer et les sédiments se chargent de plus en plus de carbonate de calcium.

En revanche, la plus grande partie de l'Europe orientale est émergée. Le lias fait défaut dans le nord de la Bohême, en Saxe, en Pologne, en Russie (sauf dans le Caucase); de même, on n'en rencontre pas de trace dans l'Asie Mineure, dans l'Hindoustan et en Syrie.

Comme dans ces régions s'étendait un vaste océan à l'époque du trias, on admet qu'une émersion des contrées orientales a contre-balancé l'affaissement de l'Europe occidentale. En tous cas, on peut admettre que la mer liasique était limitée à l'Est par un continent s'étendant jusqu'aux abords de l'océan Pacifique.

Divisions en étages. — La série liasique est divisée en cinq étages.

Le premier, qui forme le passage du trias au lias est l'étage *rhétien* ou zone à *Avicula contorta*. Au-dessus se place l'*hettangien*, qui est l'ancien *infra-lias*. Ensuite viennent trois étages qui formaient autrefois le lias proprement dit; ce sont : le *sinémurien*, le *charmouthien* et le *toarcien*.

Faune. — Les *Foraminifères*, les *Spongiaires* et les *Cœlentérés* sont assez rares dans la série liasique. Dans l'Europe occidentale, les polypiers sont très fréquents, mais ils abondent dans la région Alpine (*Lithodendron*). Les *Crinoïdes* sont très abondants, certaines couches sont remplies de débris de *Pentacrinus*. Les *Échinides* sont peu fréquents. Ils appartiennent à l'ordre des *Diplacidés* et des *Glyphostomes* (*Salénidés*, *Diadematidés*).

Vers Lophostomés. — Les *Bryozoaires Cyclostomes* et les *Brachiopodes Inarticulés* conservent l'importance médiocre qu'ils avaient durant les temps triasiques. Parmi les *Brachiopodes Articulés*, les *Productacés* et les *Spiriféracés* diminuent d'importance tandis que les *Térébratulacés* et les *Thécidiacés* deviennent prépondérants.

Les principaux genres de *Brachiopodes* du lias sont *Spiriferina*, *Koninckella*, *Cadomella* (voisins des *Leptæna* paléozoïques), *Rynchonella*, *Zeilleria*, *Pygope*.

Mollusques. — Les Gastéropodes sont représentés par les genres *Pleurotomaria*, *Trochus*, *Turbo*, *Littorina*, *Eucyclus*, *Ampullaria*.

Les Lamellibranches prennent un très grand développement, *Lima*, *Gryphæa*, *Avicula*, *Plagiostoma*, *Plicatula*, *Pecten*, *Trigonia*. Mais la prédominance appartient aux *Céphalopodes* avec les *Ammonoïdes* différents des formes triasiques: *Psiloceras*, *Arietites*, *Ægoceras*, *Deroceras*, *Hammatoceras*, *Harpoceras*, *Ludwigia*, *Hildoceras*, *Grammoceras*, *Lioceras*, *Amaltheus*, *Phylloceras*, *Cœloceras*. Toutes ces familles persistent jusqu'à la fin de la série jurassique. Les *Belemnoïdes* acquièrent aussi un très grand développement.

Articulés. — Les Crustacés sont peu abondants, mais les Insectes (*Hyménoptères*, *Coléoptères*) ont laissé des débris dans certaines couches de l'Angleterre.

Vertébrés. — Sont représentés par de nombreux *Poissons* (*Squaloïdes*, *Lépidostéoïdes*, *Ganoïdes*). Les *Reptiles* sont très répandus. Ce sont des *Crocodiliens* (*Belodon*, *Pelagosaurus*), des *Ichthyoptérygiens* (*Ichtyosaurus*), des *Sauroptérygiens* (*Plesiosaurus*, *Nothosaurus*). L'ordre des *Ptérosauriens* apparaît, les *Dinosauriens* (*Théropodes* et *Sauropodes*), peu représentés en Europe, sont abondants dans l'Amérique septentrionale.

Quant aux Mammifères, pour certains auteurs les couches où ont été découverts les débris de *Microlestes* et *Tritylodon* appartiennent au trias, et ces Mammifères sont triasiques, la classe entière faisant défaut dans le lias. Pour d'autres, au contraire, les couches à *Microlestes* et à *Tritylodon* sont liasiques, de même que les assises de la Caroline et du Cap attribuées par les premiers au trias qui ont fourni les restes des *Dromatherium*, *Microconodon*, *Tritylodon*.

Flore. — La flore liasique est plus riche que la flore triasique. Parmi les *Fougères*, les *Leptosporangiées* s'accroissent (*Osmondées*, *Schizéacées*), les *Eusporangiées* continuent (*Dictyophyllum*, *Tæniopteris*). Les *Cycadées* (*Podozamites*, *Pterophyllum*, *Williamsonia*) et les *Conifères* (*Baiera*, *Araucarites*) jouent un grand rôle.

Morvan et Bourgogne. — La série liasique est bien développée en Bourgogne.

Étage rhétien. — Elle débute à Thostes, près de Semur, par une arkose arénacée, argileuse, dans laquelle on trouve çà et là du carbonate de cuivre.

L'étage rhétien repose sur cette arkose et offre, à Couches-les-Mines, un grès à *Avicula contorta*, *Anatina præcursor* et un *bone-bed* à *Poissons;* ce grès passe parfois à un calcaire à *Avicula contorta*, *Plicatula intersiriata*, *Myophoria inflata*, et nombreux débris de grands Reptiles. Le rhétien se termine par des lits calcaréo-marneux qui fournissent le *ciment noir* de Pouilly.

Étage hettangien. — L'étage hettangien est peu épais en Bourgogne; il se divise en deux assises :

L'assise inférieure est la lumachelle de Bourgogne ou *pierre bisé*. Elle renferme *Psiloceras planorbe*, *Ostrea irregularis* et beaucoup de *Cardinia ;* c'est à cette zone qu'appartiennent les minerais de fer de Thostes et de Beauregard.

L'assise supérieure est un calcaire marneux jaunâtre dit *foie de veau*. Il renferme *Cardinia Listeri*, *Lima Hettangensis*, *Cerithium gratum*, *Schlotheimia angulata* (*Ammonites angulatus*) et *Arietites liasicus*.

En certaines localités, à Mazenay par exemple, la partie supérieure de l'hettangien est ferrugineuse et fournit le minerai exploité au Creuzot.

Étage sinémurien. — L'étage sinémurien ou calcaire à Gryphées arquées (*pierre noire* des carriers) est formé de bancs noduleux et irréguliers séparés des assises marneuses.

Les fossiles principaux sont des Ammonites : *Am. bisulcatus, Am. geometricus, Am. raricostatus; Spiriferina pinguis, Sp. Walcotti, Lima gigantea, Pleurotomaria gigas, Pentacrinus tuberculatus, Gryphæa arcuata.* Dans les zones supérieures cette dernière passe à *G. Cymbium.*

Le sinémurien renferme des nodules phosphatés souvent exploités.

Étage charmouthien. — Il débute par le calcaire à *Bélemnites* ou ciment gris de Pouilly et de Venarey, dans lequel on rencontre *Belemnites clavatus, B. niger, B. paxillosus; Waldheimia numismalis, Rhynchonella variabilis, Ammonites margaritatus* (*Amaltheus margaritatus*).

La partie supérieure comprend un calcaire noduleux et des marnes micacées à Foraminifères microscopiques.

Étage toarcien. — Dans la région bourguignonne, le toarcien est marneux. A la base, il est formé par une lumachelle et des marnes à *Posidonies*, riches en *Ammonites serpentinus* (*Lioceras salciferum*). Au-dessus vient la zone à *Ammonites* (*Hildoceras*) *bifrons* et *Ludwigia* (*Harpoceras*) *opalinum*.

C'est dans la zone à *Ammonites serpentinus*, que se trouve la pierre à ciment de Vassy (près d'Avallon). Les bancs de pierre à ciment sont souvent séparés par des schistes bitumineux à *Posidonia Bronni*, qui renferment une notable proportion d'huile minérale, et de nombreuses vertèbres de Reptiles.

Aux environs de Mazenay, le toarcien présente, à sa base, des calcaires fossiles jaunâtres avec *Ammonites serpentinus*, *Inoceramus cinctus* et des empreintes de Poissons remarquablement conservées. La constance de cette zone à Poissons est très grande, on la retrouve en Normandie, en Allemagne, en Lorraine, en Angleterre, etc.

L'étage toarcien est terminé par une assise de marnes bleuâtres contenant des empreintes attribuées à des Algues marines (*Cancellophycus liasicus*).

Assises liasiques en Bourgogne et dans le Morvan.

TOARCIEN	Marnes à *Cancellophycus*. Ciment de Vassy et marnes à *Posidonia Bronni*.
CHARMOUTHIEN	Marnes micacées à Foraminifères. Ciment gris de Pouilly.
SINÉMURIEN	Calcaire à *Gryphea arcuata*.
HETTANGIEN	Minerai de Thostes et lumachelle de Bourgogne. Calcaire dit *foie de veau*.
RHÉTIEN	Ciment noir de Pouilly. Bone-bed. Calcaire et grès à *Avicula contorta*. Arkose de Thostes.

Franche-Comté. — Dans le Jura et dans la Franche-Comté, la série liasique est complètement représentée (fig. 13).

ÉTAGE RHÉTIEN. — Il se compose, à Chalindrey, d'une zone de grès ferrugineux à *Avicula contorta* reposant sur un grès blanc à *Gervillia inflata* et *Discina Babeana*. Au-dessus vient un *bone-bed* à nombreux débris de Vertébrés et renfermant *Pecten Valoniensis*, *Cardinia mactroides*, *Mytilus minutus*, *Pholadomya*, etc.

ÉTAGE HETTANGIEN. — Il est représenté par le calcaire sableux de Chalindrey à *Ammonites angulatus*

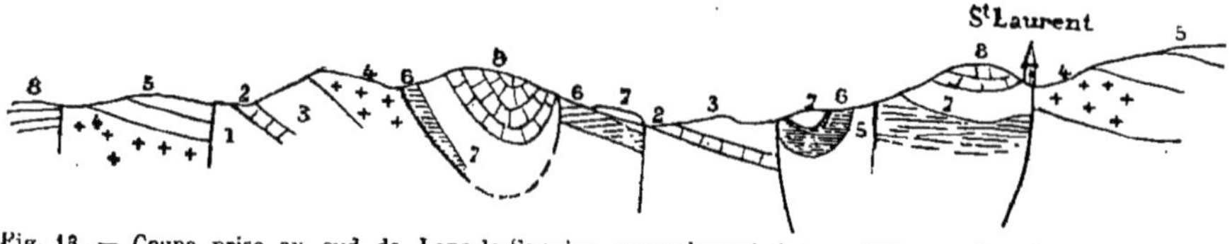

Fig. 18. — Coupe prise au sud de Lons-le-Saunier, normalement à une faille courbe, d'après M. Marcel Bertrand. — 1, marnes irisées ; 2, infra-lias et calcaire à Gryphées ; 3, lias ; 4, bajocien ; 5, bathonien ; 6, oxfordien ; 7, rauracien (ancien corallien) ; 8, astartien.

(*Schlotheimia angulata*) et *Amm. planorbis* (*Psiloceras planorbe*).

Étage sinémurien.— Dans la Franche-Comté, l'étage est représenté par des marnes à *Ammonites raricostatus* (*Cœloceras raricostatum*) et le calcaire à *Gryphæa arcuata*.

Étage charmouthien. — Présente deux assises : l'inférieure est formée de marnes à nodules et du calcaire à Bélemnite, caractérisée par *Ammonites* (*Deroceras*) *Davæi;* la supérieure marneuse est caractérisée par *Ammonites* (*Amaltheus*) *margaritatus*.

Étage toarcien. — Il comprend trois assises : l'inférieure est formée par des schistes à Posidonies, la moyenne par des marnes à *Trochus*, la supérieure par des grès à *Ammonites* (*Harpoceras*) *opalinum*. Cette dernière assise renferme le minerai de fer oolithique d'Ougney.

Bassin du Rhône. — Les vallées de la Saône et du Rhône forment une dépression par où la mer liasique des provinces germaniques (Souabe et Franconie) pénétrait jusqu'en Provence.

Étage rhétien. — Se compose dans cette région de grès quartzeux, de calcaires à reflets nacrés, de cargnieules et de plaquettes dolomitiques, au milieu desquels on trouve les fossiles typiques : *Avicula contorta*, *Gervillia præcursor*. Le *bone-bed* se présente sous l'aspect d'un calcaire rose avec *Myophoria*.

Étage hettangien. — Les zones à *Ammonites planorbis* et *Am. angulatus* sont très puissantes. Le fossile le plus commun de la série à *Am. planorbis* est le *Plicatula interstriata*. On y trouve encore : *Lima Valoniensis*, *Pecten Valoniensis*, *Ostrea irregularis*, *Cardinia hybrida*, *C. Listeri*, *Turritella Deshayesi*.

Étage sinémurien. — Le calcaire à Gryphées arquées est particulièrement riche en *Ammonites* (*Oxynoticeras oxynatum*).

Étage charmouthien. — Offre deux assises, l'une inférieure à *Belemnites clavatus*, l'autre supérieure, à *Pecten æquivalvis*.

Étage toarcien. — Renferme souvent du minerai de fer oolithique exploité quelquefois. Il est divisible en deux zones ; l'une à *Ammonites bifrons* (*Hildoceras bifrons*), très riche en *Ammonites* et qui renferme le minerai de fer ; l'autre, qui recouvre immédiatement la première, est caractérisée par *Ammonites* (*Harpoceras*) *opulinum*, est encore ferrugineuse, mais n'est pas exploitée.

Ardenne française. — Étages rhétien et hettangien. — Sont peu développés.

Étage sinémurien. — Comprend à la base le calcaire à chaux hydraulique de Charleville caractérisé par *Ammonites bisulcatus* (*Coroniceras bisulcatus*), *Lima gigantea*, *Gryphæa arcuata*. A la base de cette assise se voit en quelques points la zone à *Schlotheimia angulata* très peu épaisse. La partie supérieure du sinémurien comprend le calcaire de Romery et de Sedan à *Bel. acutus*, *Gryphæa arcuata*, *Cardinia Listeri*, *Spiriferina Walcotti*.

Étage charmouthien. — Est composé : 1° d'un calcaire sableux à *Ammonites planicosta* (*Ægoceras planicosta*), *Gryphæa cymbium* (*G. regularis*), *Waldheimia numismalis ;* 2° de marnes à *G. cymbium*, *Pecten æquivalvis*, *Belemnites clavatus ;* 3° d'un calcaire ferrugineux à *Belemnites paxillosus* et *Ammonites* (*Amaltheus*) *spinatus*.

Étage toarcien. — Montre également trois assises : 1° les marnes de Flize à *Lioceras falciferum* (*Ammonites serpentinus*), *Belemnites irregularis*, *B. tripartitus*, *Posidonia Bronni ;* 2° les marnes à *Ammonites* (*Grammoceras*) *radians ; Am.* (*Hildoceras*) *bifrons*, *Belemnites compressus ;* 3° limonite à *Trigonia navis*, *Ammonites* (*Lioceras*) *opalinum*, et *Ostrea ferruginea*.

France occidentale. — Dans la France occidentale, la série liasique apparaît dans le Cotentin.

ÉTAGE RHÉTIEN. — Représenté par un grès dolomitique à empreintes végétales et à fossiles marins (*Mytilus*, *Myophoria*).

ÉTAGE HETTANGIEN. — Comprend des marnes inférieures à *Mytilus minutus* et *Ostrea anomala*, et un calcaire blanc, dit calcaire de Valognes, dont les bancs inférieurs contiennent des Polypiers roulés. On y trouve *Pecten valoniensis*, *Lima valoniensis*, et *Cardinia regularis*.

ÉTAGE SINÉMURIEN. — Se compose d'argiles et de calcaires marneux à *Gryphæa arcuta*, *Lima gigantea*, *Coroniceras bisulcatus*.

ÉTAGE CHARMOUTHIEN. — Débute, au sud de Caen, par un poudingue à *Zeilleria numismalis*, *Spiriferina pinguis* surmonté par le calcaire à Bélemnites et à *Ammonites* (*Amaltheus*) *margaritatus*. La base de cette assise renferme *Ammonites* (*Deroceras*) *Davæi*. La zone supérieure du calcaire à Bélemnites renferme *Ammonites* (*Amaltheus*) *spinatus*.

ÉTAGE TOARCIEN. — Débute par la zone à *Leptæna*, qui surmonte immédiatement l'assise à *Amaltheus spinatus*. Les *Leptæna* sont de petits Brachiopodes d'aspect paléozoïque qu'on divise en *Koninckella* et *Cadomella* (Munier-Chalmas).

Au-dessus de l'assise à *Leptæna* viennent les argiles à Poissons contenant de grands nodules calcaires (*Miches*) au centre desquels on trouve des restes de Poissons, de grands Reptiles (*Ichthyosaurus*, *Pelagosaurus*) ou de *Céphalopodes*. L'argile à Poissons renferme *Ammonites serpentinus* (*Harpoceras falciferum*) et elle est surmontée par des marnes à *Hildoceras bifrons*.

Équivalence des assises liasiques en France.

	Franche-Comté.	*Bassin du Rhône.*	*Normandie.*
TOARCIEN.	Grès et minerai à *Ammonites opalinus.* Marnes de Pinperclu. Schistes à *Posidonia Bronni.*	Couches à *Ammonites opalinus.* Couches à Poissons. Minerais de fer.	Calcaire à *Ammonites opalinus.* Argile à Poissons. Couches à *Koninckella* et *Cadomella.*
CHARMOUTHIEN.	Marnes à *Plicatula.* Calcaires à Belemnites. Marnes à *Gryphæa regularis.*	Calcaires à *Pecten æquivalvis.* Marnes et calcaires à *Belemnites clavatus.*	Marnes à *Ammonites bifrons.* Calcaire à *Ammonites margaritatus.* Couches à *Waldheimia numismalis.*
SINÉMURIEN	Calcaires à Gryphées arquées.	Calcaires à Gryphées arquées.	Calcaire à Gryphées arquées.
HETTANGIEN	Calcaire de Chalindrey. Calcaire à *Psiloceras planorbe.*	Calcaires à *Schlotheimia angulata.* Calcaire à *Psiloceras planorbe.*	Calcaire de Valognes. Marnes à *Mytilus minutus.*
RHÉTIEN.	Bone-bed. Grès à *Avicula contorta* et *Discina babeana.*	Bone-bed. Grès et calcaires nacrés à *Avicula contorta.*	Grès dolomitique à *Myophoria.*

II. — SÉRIE MÉDIOJURASSIQUE.

Caractères de la série médiojurassique. — Le principal caractère de la série médiojurassique est la diminution constante des dépôts détritiques, et l'activité considérable des Coraux qui construisent des massifs coralliens puissants en Alsace, en France, et parfois dans le pays de Galles. Ces récifs coralliens se montrent, en beaucoup de points, avec la faune qui caractérise encore de nos jours ces formations. La présence de Coraux, habitants caractéristiques des mers chaudes, indique que le climat équatorial s'étendait assez avant dans le Nord, jusqu'au 55e degré de latitude environ. L'étude de la flore montre l'existence de plantes tropicales jusqu'aux abords du 71e degré, il n'y a pas de différences sensibles entre la végétation de l'Angleterre et celle de la Sibérie à cette période de l'histoire. Il semble donc que, durant la série médiojurassique, la distribution de la lumière et de la chaleur ait été très uniforme. Cependant, l'étude des *Ammonoïdes* donne à supposer l'existence de deux provinces dans l'hémisphère nord. Ces deux provinces, méditerranéenne et boréale, prendront une importance considérable dans l'âge suivant.

Faune. — *Foraminifères.* — Les Foraminifères sont peu abondants durant la série médiojurassique, ils appartiennent aux familles des *Lituolidés*, des *Miliolidés*, des *Lagénidés*, des *Textularidés*, des *Rotalidés* et des *Globigérinidés*.

Spongiaires. — Ce sont des *Pharétrones* (*Stellispongia, Peronella*), des *Lyssacinés* et des *Dictyoninés*.

Cœlentérés. — Les Cœlentérés les plus abondants sont des *Hexacoralliaires Apores* (*Montlivaultia, Isastræa, Heliastræa, Calamophyllia, Baryphyllia, Euhellia, Enallohelia*), et des *Fungidés* (*Thamnastræa, Anabacia, Genabacia, Dimorphastræa*).

Échinodermes. — Les *Astéroïdes* sont aussi répandus qu'aux époques précédentes.

Dans la classe des *Crinoïdes*, les *Pentacrinacés* gardent leur importance (*Pentacrinus, Apiocrinus*).

Parmi les *Échinides*, la sous-classe des *Hétérognathes* n'est pas représentée.

Les formes tétrabasales des Synastéridés sont les seuls *Atélostomes* de la période (*Galeropygus*, *Hyboclypus*, *Echinobrissus*, *Nucleolites*). Les *Homognathes* sont des *Diplacidés* (*Cidaris*, *Rhabdocidaris*) et des *Glyphostomes endocycles* : *Pseudosalenia*, *Acrosalenia*.

Vers Lophostomés. — Les *Bryozoaires Cyclostomes* sont abondants (*Defrancia*, *Heteropora*).

Parmi les *Brachiopodes*, les *Productacés* disparaissent avec les *Spiriféracés*, tandis que les *Térébratulacés* atteignent un développement considérable (*Rhynchonella*, *Waldheimia*, *Terebratula*, *Eudesia*).

Mollusques. — Les *Gastéropodes* caractérisent les formations littorales et coralliennes, ce sont des *Pleurotomaria*, des *Patella*, des *Natica*; on voit aussi apparaître quelques espèces d'eau douce, *Paludina*, *Melania*, *Planorbis*, *Neritina*.

Les *Lamellibranches* sont extrêmement nombreux (*Ostrea*, *Avicula*, *Pecten*, *Posidonia*, *Pholadomya*, *Lima*, *Trigonia*, *Inoceramus*, *Perna*, *Modiola*, *Mytilus*).

Les *Ammonoïdes* sont très nombreux. Les genres principaux sont : *Harpoceras*, *Lioceras*, *Ludwigia*, *Hammatoceras*, *Haplopleuroceras*, *Zurcheria*, *Sonninia*, *Cœloceras*, *Morphoceras*, *Cosmoceras*, *Phylloceras*, *Lytoceras*, *Sphæroceras*. Les formes à tours disjoints apparaissent avec le genre *Toxoceras*.

Les *Belemnoïdes* appartiennent à la section des *Gastrocèles*, les unes ont un sillon ventral distinct, alors que les lignes dorso-latérales ne le sont pas, les autres ont un rostre conique, un sillon ventral et des lignes dorso-latérales distinctes.

Articulés. — Ce sont des Entomostracés (*Phyllopodes*, *Ostracodes*, *Cirripèdes*) et des *Malacostracés* (*Décapodes macroures*). Certaines assises anglaises (Stonesfield slate) ont fourni un assez grand nombre d'*Insectes*

Vertébrés. — Les restes de *Poissons* sont assez

rares dans la série médiojurassique, leur abondance aux époques antérieures et postérieures ne permet pas de douter de leur existence. De même on ne connaît aucun *Batracien* ayant vécu à cette époque.

Par contre les Reptiles, *Ichthyoptérygiens*, *Sauroptérygiens*, *Chéloniens* (*Thécophores*), *Crocodiliens* (*Longirostres*), sont abondants. On a découvert un Ptérosaurien (*Ramphocephalus*) et des *Dinosauriens* (*Megalosaurus*, *Cetiosaurus*).

Les Mammifères sont représentés par de rares débris d'un *Pantothérien*, l'*Amphitherium*.

Flore. — La flore médiojurassique européenne est pauvre.

Les Fougères sont pourvues de frondes minces et coriaces, qui décèlent des terrains élevés et secs (*Ctenopteris*, *Lomatopteris*).

Les Cycadées appartiennent à des genres vivant dans des localités sèches (*Zamites*, *Pterophyllum*, *Otozamites*) et rarement à des genres vivant dans des lieux humides (*Pterozamites*). Les Conifères étaient nombreuses et de grande taille, elles se rapprochent des Cyprès, des Séquoias et des Araucarias. Le genre *Baiera* est connu depuis les temps permiens, ainsi que *Gingko*. Certains types sont connus depuis le lias (*Podozamites lanceolatus*). En Russie, en Sibérie, on a trouvé d'assez nombreux végétaux médiojurassiques. Les *Fougères* sont : *Asplenium*, *Dicksonia*, *Thyrsopteris*; les *Conifères* : *Gingko*, *Pinus*; les *Cycadées* : *Anomozamites*, *Podozamites*.

Divisions en étages. — On divise la série médiojurassique en quatre étages : 1° le *bajocien*; 2° le *bathonien*; 3° le *callovien* et 4° l'*oxfordien*.

D'après l'étude des *Ammonoïdes* on reconnaît six zones dans le bajocien et deux dans le bathonien.

De la base au sommet les zones bajociennes sont : 1° zone à *Ludwigia Murchisonæ*; 2° zone à *Ludwigia concava;* 3° zone à *Hammatoceras Sowerbyi;* 4° zone à *Hammatoceras Romani;* 5° zone à *Cosmoceras Garantianum* et *Ammonites Humphriesianum* (*Cœloceras subcoronatum*) ; 6° zone à *Parkinsonia Parkinsoni.*

Dans le bathonien, on distingue 1° une zone inférieure à *Oppelia fusca, Morphoceras polymorphum* et *Perisphinctes* et 2° une zone à *Oppelia aspidoides, Oppelia serrigera* et *Oxynoticeras discum.*

La zone à *Hammatoceras Romani* est très mal représentée en Normandie et très fossilifère dans les Basses-Alpes.

L'étage *callovien* se divise en deux assises : les *callovien inférieur* à la base, et le *Divésien* ou *callovien supérieur.*

L'étage *oxfordien* est décomposable, en 1° couches inférieures à *Cardioceras cordatum* et 2° couches supérieures à *Perisphinctes Martelli.*

Bourgogne. — La série médiojurassique est très bien représentée en France, dans les mêmes régions que la série liasique.

Étage bajocien. — Le bajocien est formé, dans le Morvan et en Bourgogne, par une assise calcaire dite *calcaire à entroques*, rempli, à la base, de débris de *Crinoïdes*, tandis que les assises supérieures sont formées par des bancs calcaires moins homogènes. Ce calcaire couronne partout les marnes liasiques. Les fossiles principaux sont *Parkinsonia Parkinsoni, Acanthothyris spinosa.*

Étage bathonien. — On distingue onze assises dans le bathonien de cette contrée.

La base est occupée par un ensemble de calcaires et de marnes à *Homomya gibbosa, Terebratula Mandelsohni* et *Ostræa acuminata;* le tout est couronné par des calcaires à *Pholadomya bucardium* et *Pinna ampla.*

Les assises qui viennent ensuite sont formées d'un calcaire blanc, compact (*grande oolithe*) et séparées par un banc dolomitique dit *Forest-marble*, calcaire blanc gris à pâte fine.

L'ensemble des calcaires forme l'axe de la chaîne de la Côte-d'Or.

Les fossiles principaux de la grande oolithe sont *Purpura glabra*, *P. minax*, *Pholadomya Vezelayi*, *Perisphinctes arbustigerus*.

L'étage bathonien est terminé par un ensemble de calcaires, de marnes et de lumachelles dans lesquels dominent les Brachiopodes : *Eudesia cardium*, *Waldheimia digona*, et des empreintes de plantes terrestres et marines. On observe, en outre, que plus on s'approche des contreforts des Vosges plus les calcaires sont purs, tandis que le pays Auxois est marneux et argileux. Cela indique l'existence de courants établis entre le bassin du Rhône et celui de Paris et charriant de la vase, tandis que la région des Faucilles et des Vosges offrait de bonnes conditions pour l'établissement de récifs coralliens.

Étage callovien. — Est réduit, en Bourgogne, à quelques mètres de marnes et de calcaires à *Peltoceras athleta* et *Cardioceras Lamberti*.

Etage oxfordien. — L'*oxfordien inférieur* ou *neuvizyen* est représenté par des calcaires oolithiques à minerai de fer dans lesquels on trouve *Cardioceras cordatum*. L'*oxfordien supérieur* (*argovien*) est formé par une épaisse assise de marnes et de calcaires à *Pholadomyes*.

Jura et Franche-Comté. — Étage bajocien. — La série médiojurassique débute par un calcaire à entroques qui succède directement aux argiles du toarcien, on recueille à sa base *Harpoceras concavum*. Le calcaire à entroques est surmonté d'un calcaire à polypiers.

Étage bathonien. — Il débute par les marnes de Vesoul à *Ostrea acuminata*, surmontées par des calcaires marneux à *Pholadomyes*, l'ensemble forme le sous-étage *vésulien ;* c'est au-dessus de ces calcaires que commence la grande oolithe, débutant par des calcaires sableux à *Rynchonella decorata* (*Forest-marble*).

Les assises supérieures sont connues sous le nom de *Cornbrash*, par analogie avec les couches équivalentes d'Angleterre qui, en se désagrégeant, donnent un sol excellent pour la culture des céréales. Au *Cornbrash* succède un calcaire en plaquettes renfermant de grandes Huîtres à reflets nacrés (*dalle nacrée*). Les principaux fossiles sont : *Cosmoceras subfurcatum*, *Pholadomya Murchisonæ*, *Echinobrissus clunicularis*, *Waldheimia digona*, *Eudesia cardium*, *Ostrea costata*, *Hemicidaris luciensis*, *Acrosalenia spinosa*.

Étage callovien. — L'étage callovien offre, à sa base, au-dessus de la dalle nacrée, un minerai de fer à *Reineckia anceps*. Le callovien supérieur est formé par des marnes grises à *Cardioceras Lamberti*, *C. Mariæ*, *Oppelia Renggeri*, dont les échantillons sont pour la plupart pyriteux ; à leur partie supérieure, ces marnes renferment *Cardioceras cordatum*.

Étage oxfordien. — Le sous-étage neuvizyen est formé par des calcaires hydrauliques à chailles, renfermant *Cardioceras cordatum*, *Pholadomya exaltata*, *Rynchonella Thurmanni*.

Sur ces couches, repose, à Besançon, Salins, Ornans, Gray, une succession de calcaires à polypiers, à *Glypticus hieroglyphicus* et à *Perisphinctes Martelli*, qui représente l'oxfordien supérieur ou argovien.

Vallée du Rhône. — Étage bajocien. — Le bajocien débute par un calcaire ferrugineux à *Cancellophycus* avec *Harpoceras Murchisonæ*.

Au-dessus, vient le calcaire jaune de Couzon, à entroques, Bryozoaires et *Pecten personatus*, le tout surmonté d'une oolithe ferrugineuse. Cette oolithe est surmontée du calcaire dit *ciret*, qui renferme des fossiles siliceux : *Parkinsonia Parkinsoni*, *Cosmoceras Garantianum*, *Oppelia subradiata*, *Trigonia costata*, *Terebratula perovalis*, *T. fimbria*, *T. sphæroidalis*.

Étage bathonien. — Le ciret est couvert par une oolithe ferrugineuse qui le sépare d'un calcaire à *Perisphinctes arbustigerus* que surmonte la grande oolithe exploitée dans toute la région.

Les deux étages bajocien et bathonien sont masqués par des formations récentes dans une grande partie de la vallée du Rhône, et ne reparaissent qu'aux environs de Valence. Là, leur épaisseur est extrêmement réduite, ce qui indique des conditions de formations littorales.

Les diverses assises bajociennes à *Harpoceras Murchisonæ*, à *Parkinsonia Parkinsoni* sont bien visibles, et l'on remarque à la partie supérieure du bathonien des calcaires schisteux à *Perisphinctes arbustigerus*, remplis de *Posidonies*.

Plus au Sud, le faciès dolomitique envahit les deux étages.

Étage callovien. — Les deux sous-étages du callovien sont difficilement séparables, ils sont représentés par un ensemble de marnes et de schistes à *Posidonia dalmasi*, *Reineckia anceps*, *Peltoceras athleta*, *Cardioceras Lamberti*.

Étage oxfordien. — Le neuvizyen se présente sous forme de marnes épaisses à *Cardioceras cordatum* et *Oppelia Renggeri*, au-dessus desquelles apparaissent des calcaires marneux, à *Waldheimia impressa* et *Perisphinctes Martelli*.

Équivalence des assises médiojurassiques dans la France orientale.

	Jura.	*Bourgogne.*	*Vallée du Rhône.*
OXFORDIEN.	Calcaires à polypiers à *Glypticus* et à *Perisphinctes Martelli*.	Marnes à Spongiaires.	Calcaire marneux à *Perisphinctes Martelli*.
	Calcaire à chailles.	Marne à *Cardioceras cardatum*.	Marne à *Cardioceras cordatum*.
CALLOVIEN.	Marnes à *Oppelia Renggeri*.	Marnes à Ammonites pyriteuses.	Schistes et marnes à *Posidonia dalmasi*.
	Minerai de fer à *Reineckia anceps*.	Calcaires et lumachelles à *Waldheimia*.	
BATHONIEN.	Dalle nacrée.	Calcaires et lumachelles.	
	Cornbrash.	Grande oolithe.	Oolithe.
	Grande oolithe.	Calcaires et marnes.	Calcaire à *Perisphinctes arbustigerus*.
	Calcaire et marnes de Vesoul.		
BAJOCIEN.	Calcaire à polypiers.		Ciret.
			Calcaire de Couzon.
	Calcaire à entroques.	Calcaire à entroques.	Calcaire à *Cancellophycus*.

Normandie. — ÉTAGE BAJOCIEN. — La première assise bajocienne est un calcaire blanchâtre à silex (*mâlière*). On y distingue une zone à *Harpoceras Murchisonæ* et une zone à *Harpoceras concavum*. La mâlière qui est durcie et coriacée, supporte un calcaire gris à *Terebratula perovalis*, et *Hammatoceras propinquus*. Vient ensuite l'oolithe ferrugineuse de Bayeux (Sully, Saint-Vigor, le Mesnil-Louvigny) qui répond à la zone à *Cosmoceras subfurcatum*. Elle renferme : *Belemnites giganteus*, *Parkinsonia Parkinsoni*, *Perisphinctes Martelli*, *Terebratula sphæroidalis*, *Oppelia subradiata*, *Pleurotomaria ornata*, *Ammonites*

Humphriesianus (*Cœloceras subcoronatum*). L'oolithe ferrugineuse, est, en certaines parties, riche en phosphate de chaux.

L'oolithe blanche est, évidemment, d'origine marine, tandis que les couches précédentes sont des formations littorales. L'oolithe blanche est un calcaire blanc grisâtre à *Belemnites*, *Parkinsonia Parkinsoni*, *Terebratula sphæroidalis*, *T. Philippsi*, *Stomechinus bigranularis* et à *Spongiaires* très nombreux.

La même succession de couches se rencontre aux environs de May.

Étage bathonien. — L'étage bathonien est très bien représenté aux environs de Caen.

A sa base est le calcaire dit *de Port-en-Bessin* assez peu fossilifère, on y trouve quelques *Belemnites*, des *Térébratules*, *Morphoceras polymorphum* et *Oppelia fusca*. Le calcaire dit *de Caen* est l'équivalent du calcaire de Port-en-Bessin, les gisements de Falaise et d'Argentan ont fourni des débris de Poissons et de grands Sauriens.

La grande oolithe est formée par un calcaire jaunâtre très pauvre en fossiles. Ce calcaire contient toujours des silex et devient, en certains points, un sable avec restes de végétaux.

Un calcaire à Bryozaires, équivalent du Forest-marble, surmonte la grande oolithe ; il contient de nombreux débris de Bryozoaires et de Brachiopodes (*Eudesia cardium*, *Waldheimia digona*). On peut distinguer dans la grande oolithe de Normandie deux faciès, l'un d'eau profonde (Caillasses de Ranville), à *Perisphinctes arbustigerus*, *Apiocrinus Parkinsoni*, l'autre, littoral (Pierre de Langrune) à Bryozoaires et Échinides, *Acrosalenia spinosa*, *Polycyphus normanus*, *Hemicidaris langrunensis*.

Le cornbrash est représenté à Lion-sur-Mer par des calcaires marneux et des argiles à *Oxynoticeras*,

Hochstetteri, *Eudesia cardium*, *Perisphinctes procerus*.

ÉTAGE CALLOVIEN. — Le callovien supérieur ne se montre pas en Normandie, tandis que le divésien est bien représenté sur la côte de la Manche dans les falaises du Calvados et de l'autre côté de l'embouchure de la Seine.

Le divésien débute par les marnes de Dives à *Gryphæa dilatata*, *Cardioceras Lamberti*, *Peltoceras athleta*. Au-dessus, vient l'assise des Ammonites pyriteuses : *Cardioceras Mariæ*, *C. Lamberti*, *Belemnites hastatus*, *Ostrea gregaria*, et enfin les argiles à *Cardioceras Mariæ* terminant l'étage.

ÉTAGE OXFORDIEN. — L'oxfordien débute par les *argiles de Villers* et des calcaires à oolithes ferrugineuses. Ces couches renferment *Cardioceras cordatum*, *Aspidoceras perarmatum*, *Peltoceras Eugenii*. Aux argiles succèdent des calcaires oolithiques argileux avec *Cardioceras cordatum*, *Perna mytiloides*, *Plicatula tubifera*, *Gryphæa dilatata*.

L'oxfordien supérieur comprend plusieurs couches de calcaires oolithiques à *Perisphinctes Martelli*, *Echinobrissus scutatus*, *Trigonia*, *Avicula*, *Gervillia*.

Boulonnais. — ÉTAGE BAJOCIEN. — Il fait défaut.

ÉTAGE BATHONIEN. — Les calcaires oolithiques du bathonien reposent sur des schistes rouges dévoniens, ou sur le calcaire dinantien dont ils sont séparés par des sables et des lignites pyriteux.

Ces sables sont surmontés par des calcaires à *Ostrea Sowerbyi*, *Terebratula maxillata*, *Modiola imbricata*. Plus haut on trouve un calcaire oolithique à *Clypeus Ploti*, puis l'oolithe de Marquise, calcaire tendre à *Rhynchonella Hopkinsi* et *R. concinna*.

Cette oolithe est couverte par un calcaire blanchâtre à *Acrosalenia Lamarcki*, et enfin un calcaire à oolithes ferrugineuses, sur lequel on trouve *Rhyncho-*

nella badensis, *Terebratula intermedia*, *Zeilleria obovata*, termine l'étage.

Étage callovien. — Le callovien est peu épais dans le Boulonnais. Le sous-étage inférieur est formé par les argiles et calcaires ferrugineux de Belle où l'on a trouvé une riche faune d'Ammonoïdes. Le sous-étage supérieur, correspondant aux argiles de Dives, est formé des assises sableuses de Montaubert, de calcaires marneux et d'argiles à *Cadioceras Mariæ* et *C. Lamberti*.

Étage oxfordien. — Le sous-étage neuvizyen comprend la zone à *Cardioceras cordatum*, formée de deux horizons, l'un à *Gryphæa dilatata* et *Waldheimia impressa* (argiles et calcaires de la Liégette), l'autre à *Ostrea gregaria* et *Gryphæa bullata;* l'étage se termine par les calcaires d'Houllefort à *Perisphinctes Martelli*.

Ardennes. — Étage bajocien. — Il débute par un calcaire jaunâtre à polypiers. Les calcaires supérieurs sont oolithiques. A Dom-le-Mesnil, non loin de Sedan, les deux sous-étages sont nettement discernables. C'est, à la base, un calcaire marneux à *Harpoceras Murchisonæ* avec *Belemnites giganteus*, *Trigonia costata* et *Hammatoceras Sowerbyi*. Au-dessus vient un calcaire oolithique à *Ostrea gigantea* et *Oppelia subradiata*.

Étage bathonien. — A la base, le bathonien montre des calcaires jaunes marneux et des lumachelles à *Ostra acuminata*, *Parkinsonia Parkinsoni*, etc.

Au-dessus la grande oolithe prend un développement considérable. On y distingue plusieurs assises :

1° L'oolithe miliaire à *Clypeus Ploti;*

2° Un calcaire blanc, presque crayeux, qui est l'oolithe blanche et contient le *Cardium pes bovis;*

3° Un calcaire marneux à *Rynchonella decorata* et *Avicula echinata;* ces assises sont en certains points nettement coralliennes;

4° Un calcaire marneux à *Waldheimia digona*, *Eudecias cardium*, *Pecten vagans*, *Ostrea costata*, *Holectypus depressus*, *Echinobrissus clunicularius*, *Acrosalenia spinosa* ;

5° L'étage se termine par une assise de calcaire en plaquettes contenant de grandes Huîtres et *Waldheimia lagenalis*.

Étage callovien. — Le sous-étage inférieur est constitué par une argile grise pyriteuse, avec plaquettes et lumachelles et minerai de fer argileux. Ce minerai est riche en Ammonites : *Macrocephalites macrocephalus*, *Perisphinctes Kœnigi*, *P. Backeriæ*, avec *Trigonia arduennensis*, *Rynchonella spathica*. Le minerai de fer (limonite) du callovien est exploité aux environs de Poix.

Le sous-étage supérieur est formé par une masse argileuse supportée par le minerai et dont les fossiles sont peu nombreux. On y trouve *Gryphæa dilatata*. Elle est surmontée par la gaize à *Cardioceras Mariæ*, mélange d'argile et de grès siliceux avec *Pholadomya*, *Pinna*, *Mytilus*, *Modiola*.

Étage oxfordien. — Il est couvert par une couche à limonite oolithique qui constitue le minerai de Neuvizy, dans lequel les fossiles sont abondants : *Cardioceras cordatum*, *Rynchonella Thurmanni*, *Gryphæa bullata*, *Echinobrissus micraulus*, *Acrosalenia decorata*, *Cidaris arvicolis*, *Gervillia aviculoides*.

L'horizon de Neuvizy supporte une marne noire et calcaire vers le sommet, qui contient en abondance *Phasianella striata*. Cette marne renferme des intercalations à *Perisphinctes Martelli*.

Région des Alpes. — Dans les Alpes françaises, les *Phylloceras* et les *Lytoceras* donnent au bathonien et au bajocien un caractère particulier, et ce qui distingue le type alpin c'est l'alternance des calcaires marneux avec les marnes schisteuses, caractères qui sont ceux de dépôts vaseux pélagiques.

Angleterre. — Le bajocien débute par un grès oolithique dit *Pea-Grit*. Les zones à *Ludwigia Murchisonæ* sont très développées, ainsi que les assises à *Harpoceras concavum*. Ensuite se trouve une lacune. La zone à *Stephanoceras Humphriesianum* est représentée par les calcaires à oolithe ferrugineuse du Dorset et l'assise à *Parkinsonia Parkinsoni* comprend des grès à *Clypeus Ploti* de Cotteswolds et le calcaire blanc (*white freestone*) du Dorset. Ce calcaire est, dans quelques localités, rempli d'*Echinobrissus clunicularis*, on le nomme *ragstone*. Les assises bajociennes anglaises ont fourni beaucoup de fruits d'une Conifère, *Araucarites hemisphericus*, qui montrent que les dépôts s'effectuaient au voisinage d'une terre.

Le bathonien commence par une argile utilisée comme terre à foulon (*fuller's earth*), intercalée de lits de lumachelles à *Ostrea acuminata* et *Rhynchonella concinna*. Au-dessus vient, dans l'Oxfordshire, le calcaire coquillier de Stonesfield, qui se débite en dalles minces. Il est peu épais, mais très riche en débris fossiles. Dans ce calcaire ont été trouvé des *Panthothériens*, *Amphitherium* et *Phascolotherium*, des *Insectes*, des restes de *Ptérodactyles*, de *Plésiosaures* et *Teléosaures*; les fragments de bois fossiles et des empreintes de *Fougères* sont fréquents. La grande oolithe est bien développée aux environs de Bath, elle est très riche en *Polypiers* et en *Gastéropodes*. Au-dessus, vient l'argile de Bradford qui se transforme parfois en un calcaire coquillier à grandes Huîtres (*Forest-marble*). L'étage bathonien se termine par des calcaires marneux et des argiles avec plaquettes de calcaire coquillier ou oolithe. On y trouve *Waldheimia digona* et *Echinobrissus clunicularis*. Cette assise est décrite sous le nom de *cornbrash*.

Le bathonien inférieur présente à Scarborough des grès et des schistes d'eau douce que l'on considère comme contemporains du calcaire de Stonesfield. On y trouve des coquilles d'eau douce (*Unio*, *Cyrena*) et des empreintes végétales abondantes (*Asplenium*, *Thyrsopteris*, *Sphenopteris*, *Podozamites*, *Nilssonia*, *Pterophyllum*, *Gingko*, *Baiera*).

L'assise à végétaux est recouverte par un calcaire à fossiles marins au-dessus duquel vient un nouveau dépôt d'eau douce auquel est superposée une couche schisteuse à *Avicula echinata* correspondant au cornbrash.

Les étages callovien et oxfordien forment, en Angleterre, une série continue qui débute par un grès calcaire très riche en fossiles (*Kelloway-rock*) : *Cosmoceras Jason*, *C. calloviense*, *Perisphinctes Kœnigi*, *Macrocephalites macrocephalus*, *Cerithium abbreviatum*, *Trigonia complanata*, *Lima notata*, des Poissons (*Lepidotus*) et des Sauriens (*Megalosaurus*, *Ichthyosaurus*, *Plesiosaurus*). Le Kelloway-rock est surmonté par l'argile d'Oxford (*Oxford-clay*) dont les fossiles caractéristiques sont : *Cosmoceras Duncani*, *Cardioceras Lamberti*, *Aspidoceras faustum* (*Ammonites perarmatus*), *Gryphæa dilatata*. Les bancs supérieurs contiennent de grandes Huîtres et *Cardioceras cordatum*. Au-dessus de l'Oxford-clay vient une puissante assise de grès calcaire (*lower calcareous grit*) où l'on trouve *Cardioceras cordatum*, *Aspidoceras faustum*. *Ostrea gregaria* ; entre les grès sont intercalées des argiles à faune identique. L'assise qui termine cette série est dite *coralline oolithe*. C'est une série de couches oolithiques compactes ou marneuses à *Aspidoceras faustum* et surmontée par une bande de calcaire à Trigonies et à *Cidaris florigemma*, *Trigonia clavellata*, *Hemicidaris crenularis*, *Nerinea Goodhallii*.

Équivalence des assises médiojurassiques en France et en Angleterre.

		Normandie.	*Ardennes.*	*Angleterre.*
OXFORDIEN..	Argovien.......	Oolithe à *Perisphinctes Martelli*. Calcaire d'Écommoy.	Argile à *Pseudo-melania*.	Coralline oolithe.
	Neuvizyen......	Argiles de Villers à *Cardioceras cordatum*.	Minerai de Neuvizy. Calcaire à chailles.	Lower calcareous grit et Oxford-clay.
CALLOVIEN		Argiles de Dives.	Gaize et argiles de l'Ardenne et de l'Argonne.	
		Oolithe ferrugineuse et marnes.	Minerai de Poix.	Kelloway-rock.
BATHONIEN..................		Couches de Lion-sur-Mer, de Langrune et de Ranville. Oolithe de Mamers. Calcaire de Caen et de Port-en-Bessin.	Calcaires à Huitres. Grande oolithe. Calcaires à *Ostrea acuminata*.	Cornbrash. Forest-Marble. Bradford-clay. Couches de Scarborough. Stonesfield-slate. Fuller's earth.
BAJOCIEN..		Oolithe à Spongiaires. Oolithe de Bayeux. Calcaire et mâlière.	Calcaire de Dom-le-Mesnil. Calcaire marneux.	Ragstone. Calcaire du Dorset. Grès à Gryphées. Freestone. Pea Grit.

III. — Série suprajurassique.

Caractères de la série suprajurassique. — A l'époque suprajurassique, deux provinces maritimes se forment, l'une boréale, l'autre méridionale, à laquelle est réservée le privilège exclusif des formations coralligènes. Entre ces deux provinces, l'Europe occidentale est réduite à des îles, dans lesquelles s'établit un régime mixte participant ou du régime austral ou du régime boréal, suivant que les communications sont plus aisées avec le nord ou avec le sud.

La localisation bien accusée de certains Mollusques nageurs accentue encore la distinction des deux provinces, distinction qu'il faut attribuer à des différences de température. On doit donc faire remonter aux temps suprajurassiques la différenciation des zones de climats dans les régions tempérées froides.

Ce changement est accompagné de l'apparition de nouvelles formes végétales. Les premières Angiospermes se montrent, durant cette période, et quand elle se termine, les plantes à feuillage caduc commencent à s'acclimater dans nos latitudes.

Faune. — *Protozoaires.* — Les *Foraminifères* n'ont qu'une importance très médiocre.

Spongiaires. — Les *Éponges siliceuses* (*Lithistidés*, *Hexactinellidés*) et quelques *Calcisponges* abondent dans certains dépôts.

Cœlentérés. — Parmi les *Cœlentérés*, certains *Madréporaires* déjà existants durant la série précédente se montrent en abondance (*Thamnastræa, Isastræa, Calamophyllia*).

Échinodermes. — Dans l'embranchement des Échinodermes, ce sont les *Crinoïdes* (*Plicatocrinus, Millericrinus, Eugeniacrinus*) et les *Échinides* (*Cidaris. Hemicidaris, Acrocidaris, Rhabdocidaris, Glypticus,*

Echinobrissus, *Collyrites*, *Dysaster*) qui dominent.

Vers Lophostomés. — Sont représentés par des *Bryozoaires* qui pullulent dans certaines régions et par des *Brachiopodes* (*Térébratulacés*, *Thécidiacés*), qui sont encore très abondants. Dans la province méditerranéenne, les espèces bilobées (*Pygope*) prédominent.

Mollusques. — Les *Gastéropodes* sont nombreux, ce sont surtout des *Homonéphridiés*, des *Hétéronéphridiés*, des *Ténioglosses* et des *Tectibranches*. Les genres *Phasianella*, *Pseudomelania*, *Nerinea*, *Pterocera* sont les plus fréquents.

Les *Lamellibranches anisomyaires* sont très abondants. Les genres *Gryphæa*, *Exoygra Alectryonia*, *Ostrea* sont très communs; tandis que les *Trigonia*, les *Perna*, les *Pholadomya*, les *Astarte* continuent leur développement. A cette époque aussi, apparaissent les *Chamacés* (*Diceras*, *Heterodiceras*).

Les *Ammonoïdes* suprajurassiques appartiennent presque tous aux genres représentés dans les séries antérieures. Ceux qui dominent sont : *Perisphinctes*, *Oppelia*, *Haploceras*, *Macrecephalites*, *Stephanoceras*, *Aspidoceras*, *Simoceras*. *Peltoceras*, *Holcostephanus*; le genre *Phylloceras* caractérise la province méridionale, tandis que les *Perisphinctes* prédominent dans la région boréale.

Les *Bélemnoïdes* sont également très fréquents.

Articulés. — Sont rares et mal conservés.

Vertébrés. — Parmi les Poissons, l'ordre des *Ganoïdes* diminue d'importance. Ce sont des *Amioïdes* (*Caturus*, *Megalurus*, *Pachycormus*) et des *Lépidostéoïdes* (*Belonostomus*, *Dapedius*, *Rhabdophorus*). On signale des *Crossoptérygiens* (*Undina*) et les *Téléostéens physostomes* font leur apparition (*Leptolepis*, *Thrissops*).

Aucun *Batracien* de l'époque suprajurassique n'est connu.

Les *Reptiles* ont, au contraire, un très grand développement. Les *Chéloniens* marins sont très abondants (*Eurysternum*, *Platychelys*), les *Sauroptérygiens* (*Pliosaurus*), les *Crocodiliens* sont encore largement représentés. Mais les ordres dominants sont les *Ptérosauriens* (*Rhamphorhynchus*, *Pterodactylus*), et les *Dinosauriens* qui renferment les plus grands animaux qui aient existé (*Atlantosaurus*, *Brontosaurus*).

Les *Oiseaux* font avec l'*Archæopteryx* leur première apparition.

Les *Mammifères* ne sont représentés que par le groupe inférieur des *Protothériens* (*Plagiaulax*, *Ctenacodon*, *Microlestes*, *Triconodon*, *Phascolotherium*).

Flore. — La flore suprajurassique diffère peu de la flore médiojurassique. Les *Fougères* sont caractérisées par des frondes coriaces et minces ; les *Cycadées* (*Zamites*) sont abondantes. Les *Conifères* les plus répandues appartiennent au genre *Brachyphyllum*. Le fait le plus important est la présence dans les couches supérieures de la série d'une Monocotylédone du genre *Rhyzocaulon*.

Divisions en étages. — La série suprajurassique se divise en quatre étages. Le *Rauracien* à la base qui renferme les faciès coralliens de la province boréale ; le *Séquanien* vient ensuite, dont les faciès boréal et méridional sont caractérisés par des Ammonoïdes différents ; Le *Kimeridgien* et le *Portlandien* terminent la série. Ces deux étages présentent dans la province méridionale un faciès décrit, autrefois, sous le nom d'étage *tithonique*.

Franche-Comté. — Étage rauracien. — Sur les couches à *Glypticus* et à *Perisphinctes Martelli* (argovien), reposent, à Gray, à Besançon, à Salins, des calcaires oolithiques à *Diceras arietinum*, *Cardium corallinum*, etc. Dans la région du Sud-Est, les bancs calcaires ont une tendance à devenir marneux, et plus au sud, encore, le faciès marneux apparaît uniquement. Aux environs de Lons-le-Saunier, les calcaires rauraciens passent sans transition aux calcaires argoviens; ils sont caractérisés par *Cidaris florigemma* et *Ostrea rastellaris*.

Étage séquanien. — A cette série, succèdent des calcaires marneux à *Rhynchonella pinguis* et *Waldheimia egena*, terminés par des marnes qui renferment des plaquettes à *Astarte minima;* de là le nom de *calcaire à Astartes* donné à l'étage. Vers la partie supérieure, on observe, par place, des calcaires de nature corallienne avec *Polypiers*, *Nérinés* et *Chamacés*.

Étage kimeridgien. — La base de l'étage kimeridgien (*ptérocérien*) est représentée, en Franche-Comté, par des marnes à *Terebratula subsella* et *Nerinea Gosæ*

Le kimeridgien supérieur (*virgulien*) est formé par des calcaires marneux, intercalés entre les bancs à *Exogyra virgula*. Autour de Salins, ces calcaires, autrefois nommés *calcaires portlandiens*, sont compacts et ne contiennent *Exogyra virgula* qu'à leur partie supérieure.

Étage portlandien. — La partie inférieure de l'étage portlandien (*bononien*) est représentée dans le Jura par des calcaires peu fossilifères, et dont la partie supérieure renferme : *Nerinea salinensis*, *N. subpyramidalis*, *Hemicidaris purbeckensis*, *Stephanoceras portlandicum*, *Astarte socialis*, *Trigonia gibbosa*. Le bononien se termine par une roche cloisonnée jaune ou rouge (*dolomie portlandienne du Jura*), qui renferme des *Cyrena*, des *Gervillia*, des *Corbula*, en d'autres termes, une faune saumâtre.

L'étage se termine, dans le Jura, par des dépôts d'eau douce superposés aux dolomies (*purbeckien*). Le purbeckien est formé de calcaires contenant des parties siliceuses noires avec *Physa*, *Planorbis*, *Valvata*, *Chara*. En certains points, les calcaires à *Planor-*

bes alternent avec les premières couches de la série infracrétacique.

Jura méridional. — Dans le Jura méridional, le faciès corallien du rauracien est rare, mais il se manifeste, à diverses reprises, dans les étages supérieurs.

Le rauracien est vaseux et ne présente que dans la partie supérieure des bancs oolithiques à *Nérinées* et à *Diceras*.

Dans le séquanien, au contraire, les intercalations coralliennes abondent. Le *calcaire à Astarte*, de la Franche-Comté, est remplacé par les calcaires oolithiques à *Waldheimia humeralis* et à *Rhynchonella pinguis*.

Le ptérocérien, qui forme à l'est de Lons-le-Saunier une masse de marnes à *Pterocera* et à *Pseudocidaris*, offre, près de Saint-Claude, des gisements coralligènes, tels que celui de Valfin (bords de la Bienne). Le *calcaire de Valfin* est blanc, dur ou crayeux, et renferme des *Chamacés*, *Diceras speciosum*, *Plesiodiceras Munsteri*, *Heterodiceras Luci*, des *Polypiers*, des *Gastéropodes*, des *Oursins* (*Acrocidaris nobilis*, *Hemicidaris crenularis*). Le calcaire de Valfin est surmonté par des dolomies et des calcaires bononiens.

Le virgulien du Jura méridional n'est pas oolithique, et se présente sous forme de schistes très calcaires, très minces et imprégnés de bitume ou sous forme de plaquettes lithographiques (*calcaire de Cerin*). Ces schistes sont riches en débris de Poissons (*Lepidotus*), de Reptiles (*Pterodactylus*, *Stelliosaurus*, *Chelonomys*) et en empreintes végétales, parmi lesquelles : *Zamites*, *Stenopteris*, *Cycadopteris*, *Cycadites*, *Cycadolepis*, *Ctenopteris*, *Lomatopteris*, *Stachypteris*. Ces schistes sont recouverts par le bononien à *Stephanoceras portlandicum* (*Ammonites gigas*).

Les calcaires en plaquettes de Cerin renferment en abondance *Exogyra virgula*. Ils sont recouverts par des calcaires à Gastéropodes que couronne la dolomie portlandienne.

Bassin du Rhône. — Les étages supérieurs de la région alpine se confondent en une seule masse uniforme qui va depuis le calcaire de Grenoble et des Basses-Alpes à *Perisphinctes Martelli* (argovien) jusqu'au néocomien. Les dépôts sont calcaires et compacts, riches en Céphalapodes et en Térébratules perforées, du type de *Pygope, Diphya*. Ce faciès uniforme, dans lequel on ne retrouve pas les étages suprajurassiques du nord, a été nommé *tithonique*.

Il occupe un vaste territoire limité par le Jura, les Alpes, le massif des Maures et de l'Esterel, et le Plateau Central. Le long du Jura, il est borné par des formations coralligènes que l'on retrouve sur la limite méridionale. Mais les récifs coralliens sont tous portlandiens, tandis que dans la province boréale les récifs coralliens sont antérieurs au kimeridgien.

Le caractère des dépôts tithoniques est très prononcé à Grenoble (*massif de la Porte de France*).

La base du massif contient les fossiles de l'argovien et est exploitée pour chaux hydraulique et ciment.

Au-dessus, vient un calcaire peu fossilifère qu'on a pu assimuler aux couches supérieures du rauracien (zone à *Peltoceras bimammatum*).

Puis viennent de puissantes masses de calcaires brun foncé, bitumineux, pauvres en fossiles et qu'on assimile aux assises à *Oppelia tenuilobata* de l'Ardèche et des Basses-Alpes (calcaire de la Porte de France). Enfin, au-dessus, viennent des calcaires à faune tithonique qu'on désigne sous le nom de calcaire à *Pygope janitor*, du nom du fossile dominant.

Plus au-dessus, le caractère lithologique change, on passe à des calcaires marneux, tendres, exploités pour la fabrication du ciment de la Porte de France. Ils contiennent des fossiles que l'on retrouve dans l'Ardèche : *Hoplites Malbosi*, *H. privasensis*, *H. occitanicus*, et qui caractérisent le faciès pélagique du purbeckien (*aquilonien*). Le calcaire à ciment est surmonté par des marnes néocomiennes à bélemnites plates.

Les assises coralligènes se trouvent au Bec de l'Échaillon, sur la berge de l'Isère. C'est une masse puissante de calcaires compacts contenant des *Nérinées*, des *Chamacés* (*Heterodiceras Luci*) et *Terebratula moravica*. A la base du Bec de l'Échaillon, le massif calcaire est tendre, et composé de polypiers brisés et roulés. On y rencontre, outre les espèces déjà énumérées, *Rhynchonella inconstans*, *Cidaris glandifera*. Un récif semblable se trouve au mont Salève, près de Genève. On admet que leur formation a embrassé la durée des dépôts kimeridgiens et portlandiens.

Près de Valence, à Crussol, se trouve un massif suprajurassique. Au sommet on discerne des calcaires blancs à *Pygope janitor* et *Oppelia lithographica*.

En dessous, on observe une série de marnes et de calcaires alternés, ayant comme fossile principal, un Ammonoïde, *Oppelia tenuilobata*. Cette assise est superposée à des calcaires compacts à *Peltoceras bimammatum*, au-dessous de laquelle s'observent des assises à *Perisphinctes Martelli*, *Cardioceras cordatum*, *Macrocephalites macrocephalus*, caractérisant l'oxfordien.

Dans l'Ardèche, le rauracien débute par des calcaires et des marnes à *Peltoceras bimammatum*, superposés immédiatement à un calcaire argovien à *Perisphinctes Martelli*.

Le séquanien est réprésenté par des calcaires compacts à *Perisphinctes Achilles* et *Oppelia tenuilobata*, subordonnés à un calcaire kimeridgien à *Aspidoceras acanthicum*.

En certains points de l'Ardèche, le kimeridgien est calcaire et les masses calcaires sont ruiniformes (bois de Païolive). Ils sont peu fossilifères, mais sont équivalents aux calcaires de Crussol à *Phylloceras Loryi* et *Oppelia trachynota*.

Les calcaires ruiniformes sont surmontés par des calcaires marneux à *Pygope janitor*, *Oppelia Fallauxi*, et *Phylloceras ptychoicum*, qu'une brèche sépare des calcaires de Berrias.

Ceux-ci terminent la série suprajurassique. On y distingue deux zones principales :

L'une de calcaires blancs sublithographiques à *Hoplites privasensis* et *H. Calisto* ;

L'autre de calcaires marneux à *H. occitanicus*, *H. Boissieri*, *Pygope janitor*, *Pygope Diphya*. Cette assise est regardée comme l'équivalent marin du purbeckien. Peut-être, doit-on ranger la zone à *Hoplites Boissieri* dans la série infracrétacique. Quoi qu'il en soit, partout où cette assise existe, les couches purbeckiennes font défaut, et inversement (A. de Lapparent).

Équivalence entre les assises suprajurassiques du Jura et du bassin du Rhône.

		Jura.	*Bassin du Rhône.*
Portlandien......		Calcaire d'eau douce.	Calcaire de Berrias. Ciment de la Porte de France.
		Dolomie portlandienne. Calcaire à *Nerinea.*	Calcaire à *Terebrabula moravica.* Calcaire à *Pygope janitor.* Calcaire de Crussol. Calcaires ruiniformes de l'Ardèche.
Kimeridgien.	Virgulien.....	Calcaire de Cerin. Calcaire à *Exogyra virgula.*	
	Ptérocérien...	Calcaire à Ptérocères. Calcaire de Valfin.	
Séquanien........		Calcaire à *Astarte.*	Calcaire de la Porte de France. Calcaire à *Oppelia tenuilobata.*
Rauracien........		Calcaire à *Diceras.*	Calcaire à *Peltoceras bimammatum.*

Normandie. — Étage rauracien. — En Normandie, le rauracien est un calcaire oolithique jaunâtre dont l'épaisseur est variable, et, dans lequel les bancs construits par les polypiers sont très fréquents.

L'assise la plus caractéristique est le *Coral rag* de Trouville, riche en Oursins (*Hemicidaris crenularis, Pygaster umbrella, Glypticus hieroglyphicus*).

Étage séquanien. — L'étage séquanien surmonte directement le rauracien, à Hennequeville. Il est calcaire, entremêlé de silex et de grès. On y trouve abondamment *Perisphinctes Achilles* et *Trigonia Bronni.*

Étage kimeridgien. — Le séquanien se montre surmonté, à Villerville, par des marnes à *Ostrea subdeltoidea*, qui se terminent par un lit de calcaire noduleux à *Ptérocères*, où se montre aussi *Exogyra virgula*. Le ptérocérien est mieux développé au cap de la Hève, il y est formé d'argiles grises à *Ostrea deltoidea*, *Perisphinctes cymodoce*, reconverts par un calcaire marneux à *Pterocea oceani*, *P. Ponti*, *Waldheimia humeralis*, *Trigonia papillata*.

En remontant la côte vers le nord, le ptérocérien se montre surmonté de bancs à *Aspidoceras longispinum* subordonnés à une lumachelle à *Exogyra virgula*.

Les assises terminales de la série ne sont visibles que dans le pays de Bray.

Étage portlandien. — Le sous-étage bononien débute par une marne calcaire à *Ostrea catalaunica*. Viennent ensuite des grès, des calcaires, et un poudingue à *Hemicidaris Hofmani*. Une argile bleue qui vient ensuite représente une assise constante, dont le fossile caractéristique est *Ostrea expansa;* elle contient aussi de grandes Ammonites.

Cette argile est surmontée par un grès ferrugineux, renfermant de nombreux fossiles et surtout *Trigonia gibbosa*.

Dans le sud du pays de Bray, cette assise est remplacée par des sables sans fossiles si intimement unis aux couches infracétaciques que l'on y doit voir le représentant du purbeckien.

Boulonnais. — Le rauracien, le séquanien et le kimeridgien présentent dans le Boulonnais les mêmes caractères qu'en Normandie (fig. 14).

L'étage portlandien est remarquablement développé, On a pu y distinguer onze assises, remarquables par la présence de Céphalopodes qui n'ont pas dépassé les régions boréales, tels que *Stephanoceras portlandicum*, *Perisphinctes Scythicus*, *Perisphinctes*

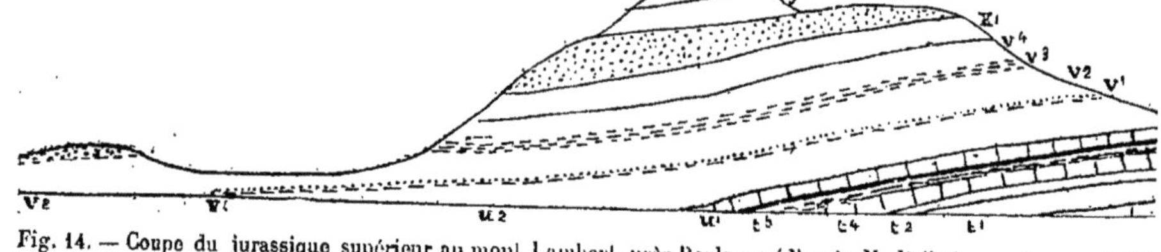

Fig. 14. — Coupe du jurassique supérieur au mont Lambert, près Boulogne (d'après M. Pellat). — s^3, zone à *Cidaris florigemma*; t^1, argiles à *Ostrea deltoidea*; t^2, calcaire à *Trigonia Bronni*; t^4, oolithe à Nérinées; t^5, grès de Virvigne; u^1, u^2, zone à *A. orthocera* et *E. virgula*; v^1, v^2, zone à *A. caletanum*; x^1, x^2, zone à *A. portlandicus*; *y*, argile à *Ostrea expansa*.

bononiensis. Les deux premiers caractérisant le sous-étage bononien, et le dernier le sous-étage aquilonien.

Certaines couches de ce sous-étage ont fourni des fossiles d'eau douce, et même, en certains points, les assises ne renferment que des *Cyrènes* à l'exclusion de fossiles marins, tandis qu'à quelque distance ces derniers dominent.

A la base des assises supérieures, se trouve un conglomérat quartzeux, qui renferme des débris d'*Iguanodon*, de *Plesiosaurus* et de *Megalosaurus*.

Angleterre. — Étage rauracien. — L'étage rauracien anglais, ou *coral-rag*, est un calcaire bréchiforme presque entièrement formé de polypiers et de tests brisés d'oursins (*Cidaris florigemma*, *Hemicidaris*, *Pygaster*). Les dépôts coralliens, postérieurs à l'oxford-clay, sont localisés dans le nord du Yorkshire; depuis le Lincolnsbire, jusqu'au Buckinghamshire, les couches coralliennes sont nulles ou rudimentaires.

Étage séquanien. — Il comprend trois assises interposées entre le rauracien et le kimeridgien. De ces trois assises :

L'inférieure, renfermant *Ostrea deltoidea* et *Ammonites decipiens*, est argileuse;

La moyenne, constituée par des grès, est caractérisée par *Ostrea solitaria*, *O. deltoidea*, *Perisphinctes Cymodoce*;

La supérieure, qui contient les minerais de fer d'Abbotbur, est très fossilifère, on y trouve : *Terebratula subsella*, *Rhynchonella inconstans*, *Waldheimia lampas* et des *Pterocères*.

Étage kimeridgien. — Le kimeridgien anglais ou *kimeridge-clay* est surtout argileux. Le sous-étage inférieur a fourni, dans l'Oxfordshire, une riche faune de Reptiles (*Plesiosaurus*, *Pliosaurus*, *Ichthyosaurus*, *Teleosaurus*, *Iguanodon*). On y trouve aussi

Perisphinctes Cymodoce, *Belemnites nitidus*, *Exogyra nana*, *E. virgula*.

Le sous-étage supérieur consiste en schistes papyracés, schistes bitumineux, et bancs de pierre à ciment. Il a fourni aussi beaucoup de débris de grands Reptiles et *Exogyra virgula*, *Ammonites biplex*, *Astarte lineata*.

Il se termine par des argiles où manque *Exogyra virgula*, et que caractérise *Discina latissima*.

Étage portlandien. — La partie inférieure du portlandien anglais est un sable quartzeux mélangé de grains verts et de marne (*Portland sand*); la partie supérieure est formée de calcaire oolithique avec ou sans silex (*Portland stone*).

Le Portland sand renferme *Cyprina implicata*, *Lima bononiensis*, *Ammonites biplex*, *Trigonia Pellati*.

Le Portland stone est caractérisé par un calcaire très dur et à grain très fin; on y trouve: *Trigonia gibbosa*, *Perisphinctes bononiensis*, *Stephanoceras portlandicum*, *Cardium dissimile*, *Ostrea solitaria*, *Cerithium portlandicum*, tous fossiles signalés dans le Boulonnais.

Les couches lacustres de Purbeck correspondent à une période d'émersion très nette.

On y distingue:

1° Une assise inférieure, dont les couches sont des dépôts alternatifs d'eau douce et d'eau saumâtre avec *Cyclas*, souches de Végétaux en place (dirt-bed), *Serpula*, *Valvata*, *Cypris*, *Limnea*.

2° Une assise moyenne, dans laquelle se sont intercalés des dépôts marins.

La couche la plus inférieure de cette dernière assise renferme *Cypris*, *Valvata*, *Physa* et des débris de Mammifères Pantothériens (*Plagiaulax*, *Triconodon*, etc.).

Au-dessus, vient un calcaire lacustre ou saumâtre

à *Poissons*, *Crocodiles*, *Oursins* et *Huîtres;* puis un dépôt franchement marin à *Pecten* et *Modiola*. Au-dessus, on trouve des couches saumâtres à *Cyrena*, et enfin un calcaire d'eau douce à *Cypris*, *Poissons* et *Chéloniens*.

3° L'assise supérieure de Purbeck, ou marbre de Purbeck, est une formation purement d'eau douce; elle renferme des *Cypris*, des *Physa*, des *Limnea*, des *Paludina;* le marbre lui-même est formé par les débris de *Paludina fluviorum*.

Les Végétaux du *dirt-bed* sont des *Fougères*, des *Conifères* ou des *Cycadées*. Celles-ci se voient encore avec leurs racines et quelques mètres de tige. On observe aussi des troncs couchés de Conifères de 6 à 7 mètres de long sur 0m, 30 de diamètre ; à Lulworth-Cove, le dirt-bed est incliné de près de 45°, et l'axe des tiges perpendiculaire à la couche fait ce même angle avec la verticale.

Équivalences des assises suprajurassiques anglaises et françaises.

		Angleterre.	*Normandie.*	*Boulonnais.*
PORTLANDIEN	Purbeckien	Couches de Purbeck. Portland stone.	Sable à *Trigonia gibbosa* du pays de Bray.	Couches à Cyrènes. Sables à *Perisph. bononiensis.*
	Bononien	Portland sand.	Argile à *Ostrea expansa.* Grès du pays de Bray.	Sables, argiles et grès de Wimereux.
KIMERIDGIEN	Virgulien	Argiles à *Discina latissima.* Kimeridge clay.	Lumachelle à *Exogyra virgula.*	Couches de Châtillon.
	Ptérocérien		Marnes de la Hève à *Pterocera Oceani.*	Grès de Wirwignes.
SÉQUANIEN		Upper calcareous grit.	Calcaire d'Hennequeville.	Argile à *Ostrea deltoidea.*
RAURACIEN		Coral rag.	Calcaire de Trouville à polypiers.	Calcaire du mont des Boucards.

Europe centrale. — Le faciès tithonique, observé dans le Dauphiné, se retrouve dans le centre de l'Europe, mais il s'y intercale des formations coralligènes qui rappellent les faciès du Jura français.

En certains points, le ptérocérien est très développé au-dessus du virgulien, qui est réduit à quelques mètres.

ÉTAGE RAURACIEN. — En Souabe et en Franconie, le rauracien montre des calcaires blancs compacts, bien stratifiés, ou des calcaires marneux à Spongiaires, contenant *Peltoceras bimammatum*, et *Glypticus hieroglyphicus*.

ÉTAGE SÉQUANIEN. — Le séquanien est représenté par des calcaires marneux à *Perisphinctes* et *Oppelia tenuilobata*.

ÉTAGE KIMERIDGIEN. — Le ptérocérien comprend des calcaires oolithiques à *Reineckia Eudoxus* et à Éponges siliceuses.

L'assise qui vient ensuite semble appartenir à la fois au ptérocérien et au virgulien, elle renferme une dolomie à *Exogyra virgula* et des calcaires ruiniformes riches en polypiers, comme le récif corallien de Nattheim, en rapport direct avec des calcaires à plaquettes. Aux environs d'Ulm, ces derniers prédominent et sont employés pour la fabrication de la chaux hydraulique. On y trouve *Exogyra virgula*, *Waldheimia humeralis*, *Astarte supra-corallina*, ce qui semble indiquer la partie supérieure du ptérocérien.

Au-dessus, viennent des schistes lithographiques qui se débitent en plaques, dont la régularité, la finesse et l'égalité du grain sont industriellement très appréciées.

En Bavière, à Solenhofen, les schistes lithographiques ont fourni une faune importante de Vertébrés : *Archæopteryx*, *Rhamphorhynchus*, *Pterodactylus;* des Poissons : *Gyrodus*, *Leptolepis*, *Megalurus*, *Aspido-*

rhynchus, et des *Arachnides*, des *Insectes*, des *Crustacés*, des *Céphalopodes* nus présentant la trace de tous leurs organes. Les Ammonoïdes caractéristiques sont : *Oppelia lithographica*, *O. steraspis*, *Perisphinctes ulmensis*. Les *Bélemnoïdes*, les *Méduses*, les *Astéroïdes* sont abondants.

On admet que ces calcaires se sont déposés dans des golfes profonds à l'état de vase impalpable.

Le calcaire en plaquettes se retrouve à Eischtädt, à Kelheim, à Nusplingen, avec les mêmes *Oppelia* et des restes de Vertébrés. A Kelheim, se trouvent des récifs coralligènes intercalés et contenant des *Chamacés* (*Heterodiceras*).

La base des calcaires à plaquettes renferme *Exogyra virgula*. On admet que ces dépôts correspondent au virgulien et au début du portlandien.

Étage portlandien. — Il n'est pas représenté dans l'Europe centrale.

Les autres couches suprajurassiques ont été retrouvées en beaucoup de points.

Amérique. — Les assises de l'Amérique du Nord ont une liaison évidente avec celles de la province boréale de l'Europe. Elles ont fourni, dans les Montagnes Rocheuses, une faune remarquable de *Dinosauriens* gigantesques (*Atlantosaurus*, *Brontosaurus*, etc.).

La province suprajurassique boréale semble s'étendre, dans ces contrées, jusque dans l'Amérique du Sud à travers le Chili, le Pérou et la Bolivie.

CHAPITRE III

SYSTÈME CRÉTACIQUE

Caractères de la période crétacique. — Le mouvement d'émersion qui a marqué la fin des temps suprajurassiques ne se continue pas. La mer progresse même, dans l'ouest de l'Europe, du sud vers le nord.

Les alternatives de gain et de perte de la mer et des continents se traduisent, dans l'Europe occidentale, par des dépôts marins alternant avec des dépôts saumâtres.

La région alpine conserve ses dépôts pélagiques et ses formations coralligènes, qui prennent la forme de calcaires à *Chamacés*. A ces formations nouvelles et très importantes, s'ajoute l'apparition des Végétaux dicotylédones. Et ces deux faits suffisent à justifier l'établissement d'un système crétacique distinct.

Il convient de distinguer dans ce système deux séries :

Dans la première, les sédiments des mers septentrionales prennent avec le temps un grain de plus en plus fin.

Dans la seconde, la *craie* fait son apparition, attestant une diminution dans l'énergie des érosions continentales.

Ces deux séries ont reçu le nom de série *infracrétacique* et de série *supracrétacique*. La première n'est d'ailleurs séparée de l'époque purbeckienne par aucune lacune.

I. — Série infracrétacique.

Faune. — *Protozoaires.* — Les *Foraminifères* (***Rotalidés***, ***Globigérinidés***, ***Orbitolina***) prennent, dans la série infracrétacique, une grande importance. Les *Spongiaires* sont aussi abondants (***Pharétrones***, ***Lyssacinés***, ***Dictyoninés***, ***Lithistidés***, ***Monactinellidés***).

Cœlentérés. — **Ils sont représentés par les ordres** suivants : ***Hydractinides*** (***Hydractinia***), ***Alcyonnaires***

(*Heliopora*, *Tubipora*), *Apores* (*Goniastræa*, *Baryphyllia*, *Columnastræa*, *Cyathophora*, *Caryophyllia*, *Smilitrochus*); *Fungidés* (*Cyathoseris*, *Cycloseris*).

Échinodermes. — La classe des *Crinoïdes* n'est représentée que par l'ordre des *Pentacrinacés*. Celle des *Astéroïdes* est plus abondante, la prépondérance appartient aux *Échinides*. Ce sont de rares *Tétraplacidés* (*Tetracidaris*), des *Diplacidés* (*Cidaris*, *Pseudocidaris*, *Rhabdocidaris*), des *Glyphostomes endocycles* (*Salenia*, *Peltastes*, *Pseudodiadema*, *Psammechinus*) et des *Glyphostomes exocyles* (*Pygaster*, *Discoïdea*, *Holectypus*, *Anorthopygus*). Parmi les *Atélostomes*, les *Dysastéridés* sont peu fréquents, les formes monobasales des *Synastéridés* sont plus répandues (*Caratomus*, *Cassidulus*, *Bothriopygus*) et la prédominance appartient aux formes tétrabasales (*Pyrina*, *Pygaulus*, *Pygurus*, *Catopygus*, *Echinospatagus*, *Heteraster*, *Holaster*, *Hemiaster*).

Vers Lophostomés. — Les genres de la série jurassique se perpétuent à travers la série infracrétacique, la prépondérance est aux genres *Terebratula*, *Zeilleria*, *Megerlea*, *Rhynchonella*.

Mollusques. — Les *Gastéropodes* sont peu nombreux, la plupart des genres jurassiques se continuent, peu de genres nouveaux apparaissent.

Les *Lamellibranches* sont, par contre, très abondants (*Inoceramus*, *Ostrea*, *Exogyra*, *Perna*, *Trigonia*, *Janira*) ; dans les dépôts d'eau douce, le genre *Unio* abonde ; et, dans les provinces méridionales, les *Chamacés* apparaissent. Ce sont des *Diceratidés* (*Toucasia*, *Requienia*, *Matheronia*) et des *Monopleuridés* (*Monopleura*, *Gyropleura*, *Valletia*, *Polyconites*).

Dans les *Ammonoïdes*, les *Perisphinctes* et les *Holcostephanus* disparaissent, les genres *Acanthoceras*, *Hoplites*, *Holcodiscus*, *Pulchellia*, dominent, et le genre *Schlœnbachia* fait son apparition. Les genres *Desmo-*

ceras, *Silesites*, *Pachydiscus* prennent aussi de l'importance. En même temps, on voit apparaître un grand nombre de Céphalopodes à tours déroulés, tels que *Macroscaphites*, *Hamites*, *Crioceras*, *Heteroceras*, *Turrilites*, *Ancyloceras*.

Les *Bélemnoïdes* sont aussi très nombreux, les espèces aplaties et irrégulières se montrent dans les régions méridionales.

Articulés. — Ils sont peu nombreux, et représentés, dans les dépôts d'eau douce, par des *Ostracodes*, et, dans les dépôts marins, par des *Crabes*.

Vertébrés. — L'embranchement des Vertébrés fournit, au début de la série, quelques *Lépidostéoïdes*, mais surtout des *Téléostéens physostomes*.

Les *Batraciens* ont produit, durant la série infracrétacique, le plus ancien Urodèle connu (*Hylæobatrachus*).

Parmi les Reptiles, on doit citer des *Ichthyoptérygiens* (*Mixosaurus*, *Ichthyosaurus*), des *Sauroptérygiens* (*Cimaliosaurus*, *Plesiosaurus*, *Polyptychodon*), des *Chéloniens Thécophores* (*Dactyloplastra*, *Clidoplastra*, *Pleurodus*), des *Crocodiliens Longirostres* (*Pholidosaurus*, *Tomistoma*, *Petrosuchus*), des *Ptérosauriens* (*Ornithocheirus*, *Ornithodesmus*). Enfin les *Dinosauriens* sont représentés par des *Sauropodes*, des *Théropodes* (*Megalosaurus*, *Allosaurus*), des *Stégosauriens* (*Hylæosaurus*) et des *Ornithopodes* (*Camptosaurus*, *Iguanodon*, *Hypsilophodon*, *Sphenospondylus*).

Les Oiseaux et les Mammifères sont inconnus dans la série infracrétacique.

Flore. — La flore infracrétacique présente les caractères de la flore suprajurassique. Les végétaux sont des *Fougères* (*Sphenopteris*, *Gleichenia*), des *Cycadées* (*Podozamites*, *Anomozamites*, *Pterophyllum*, *Glossozamites*), des *Conifères* (*Abietites*, *Cedrus*, *Pinus*, *Gingko*, *Sequoia*, *Cyparissidium*) et des *Dicotylédones* découvertes dans les couches américaines du Potomac (*Ficus*, *Sassafras*, *Populophyllum*, *Ficophyllum*, *Juglandiphyllum*).

Divisions en étages. — La série infracrétacique a été divisée en quatre étages :

1° A la base, le *néocomien*, divisé lui-même en *valanginien*, qui est caractérisé par *Hoplites neocomiensis*, et *hauterivien*, dans lequel apparaissent les Céphalopodes déroulés du genre *Crioceras*. Ces deux sous-étages renferment de nombreux Ammonoïdes du genre *Holcostephanus*.

2° Le *barrémien*, dans lequel domine le genre *Pulchellia*.

3° L'*aptien*, dans lequel on distingue des couches inférieures à *Ancyloceras Matheroni* (*bédoulien*) et des couches supérieures à *Oppelia nisus* (*gargasien*).

4° L'*albien* ou *gault*, caractérisé par *Acanthoceras mamillare*, *Hoplites tuberculatus*, des couches à phosphates et des argiles.

Il existe, dans la série infracrétacique, des calcaires blancs à *Rudistes* dont on avait fait un étage spécial (*urgonien*). Mais il est reconnu que les calcaires urgoniens sont un faciès coralligène capable de se produire à plusieurs niveaux.

Jura. — La série infracrétacique est très puissante dans le Jura, où elle a été étudiée pour la première fois.

Étage néocomien. — Sous-étage valanginien. — Au-dessus des calcaires purbeckiens à *Planorbis*, se présentent des marnes oolithiques et des calcaires à *Toxaster Campichei*, *Monopleura* et *Térébratules*. Au-dessus, viennent des calcaires compacts à *Natica leviathan*, et des bancs coralligènes à *Valletia*. Au-dessus encore, se montre un calcaire ferrugineux à *Pygurus rostratus*, à la partie supérieure duquel se trouvent des calcaires coralligènes à *Cidaris hirsuta*,

Pyrina pygæa, *Dysaster ovulum*, une riche faune d'Échinides, des Bélemnites (*B. pistilliformis*, *B. dilatatus*) et une Ammonite, *Oxynoticeras Gevrilianum*.

Aux environs de Saint-Claude, le valanginien offre des horizons coralligènes rappelant les calcaires de Valfin, mais le genre *Heterodiceras* y est remplacé par le genre *Valletia*.

Sous-étage hauterivien. — L'hauterivien débute par des marnes à Bryozoaires, auxquelles succèdent des marnes à *Ostrea Couloni*, subordonnées elles-mêmes aux marnes d'Hauterive, bleues ou jaunâtres, sableuses et légèrement schistoïdes, dont la faune, toujours très riche, offre : *Holcostephanus astierianus*, *Hoplites radiatus*, *Belemnites dilatatus*, *B. pistilliformis*, *Ostrea Couloni*, *Janira atava*, *Toxaster complanatus*, *Diadema rotulare*, *Pleuratomaria neocomiensis*.

Des calcaires jaunes, chloriteux (calcaire à grains verts) surmontent les marnes d'Hauterive, et sont continués par le calcaire jaune de Neuchâtel, qui renferme *Toxaster complanatus*, *Ostrea Couloni*, *Janira atava*, *Nautilus pseudoelegans*, *Terebratula tamarindus*, *T. prælonga*, *Rhynchonella lata*.

Étage barrêmien. — Superposé au calcaire de Neuchâtel, le barrêmien est formé par un calcaire souvent oolithique caractérisé par *Requienia ammonia* et *Radiolites neocomiensis*; on y trouve très peu de Bélemnoïdes et pas d'Ammonoïdes.

A la perte du Rhone, on peut distinguer six assises différentes.

1° La plus inférieure est un calcaire à *Requienia*. Au-dessus, on observe 2° un calcaire à *Pterocera pelagi*, *Heteraster oblongus*, *Requienia Lonsdalei*; 3° une marne bleue sans fossiles ; 4° une marne jaune à *Heteraster oblongus* et *Trigonia caudata*; 5° des argiles sans fossiles ; et 6° enfin un grès à Fucoïdes avec couche à *Orbitolina lenticularis*.

Le néocomien et le barrêmien sont aussi très bien développés près de Genève, au mont Salève.

Étage aptien. — A la perte du Rhône, l'aptien montre la succession des trois assises suivantes : 1° A la base, un grès vert à *Ostrea aquila*, *Epiaster polygonus*, *Plicatula placunea;* 2° au milieu, un sable sans fossiles; et 3° au sommet, un grès gris dur à *Plicatula placunea*, *Trigonia caudata*, *Acanthoceras cornuelianum* et *A. milletianum*.

Étage albien. — La dernière couche de l'aptien est surmontée par une assise de sables blancs à *Acanthoceras milletianum* et *A. mamillare*. Des sables verts sans fossiles viennent au-dessus. Enfin des couches fossilifères à *Acanthoceras Lyelli*, *A. milletianum*, *A. mamillare*, *Schlœnbachia inflata*, *S. varicosa* et *Desmoceras Beudanti*, le tout se termine par des sables sans fossiles.

Dauphiné. — A mesure que l'on s'éloigne du Jura, en descendant vers le midi de la France, le système infracrétacique diffère de plus en plus des formations jurassiennes. Dans le Dauphiné, toutefois, on rencontre des formations semblables et des formations différentes (fig. 15, 16 et 17).

Étage néocomien. — Dans le nord du Dauphiné, on rencontre le type jurassien. A la base, des calcaires compacts à *Ostrea Couloni*, *Janira atava*, *Terebratula tamarindus*. Au milieu, des calcaires glauconieux et marneux à *Hoplites cryptoceras*, *Hoplites Leopoldinus*, *Belemnites pistilliformis*, *Toxaster complanatus*, *Pygurus rostratus*, *Ostrea rectangularis*. Au sommet, le calcaire jaune de Neuchâtel.

Près de Grenoble, on voit apparaître un type dit *subalpin*, riche en Céphalopodes.

A la base, des marnes à Ammonoïdes ferrugineux : *Hoplites neocomiensis*, *Phylloceras Tethys*, *P. semisulcatum* et *Belemnites latus*. Au-dessus, les calcaires du Fontanil à *Ostrea Couloni* et *Pterocera pelagi;* plus haut, des calcaires à *Pygurus rostratus*. Ces calcaires sont subordonnés à un calcaire glauconieux, à Bélemnites plates avec *Holcostephanus astierianus*, *Hoplites radiatus*, *H. Leopoldinus*, puis vient un calcaire marneux à *Rhynchonella peregrina*, *Crioceras* et *Phyl-*

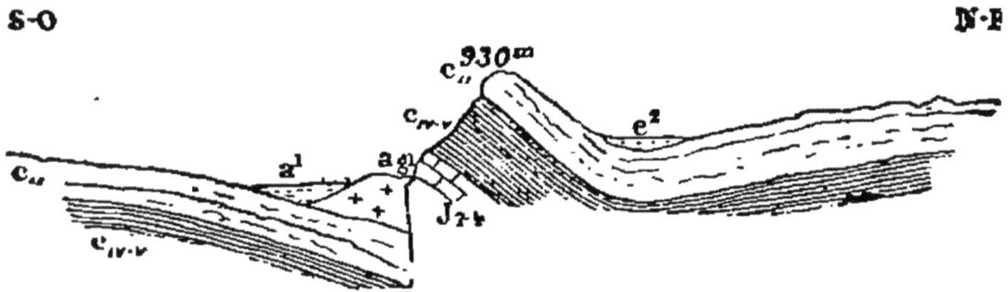

Fig. 15. — Montagne de la Balme. Faille transversale dans la cluse de Sillingy. — J 7-4, jurassique supérieur; cv-v, néocomien et valanginien; c II, aptien et urgonien; e^2, éocène supérieur et tongrien; *agl*, moraines glaciaires; *a''*, alluvions postglaciaires.

loceras, le tout est surmonté par des marnes à *Spatangues* (*Toxaster complanatus*). L'assise à Ammonites

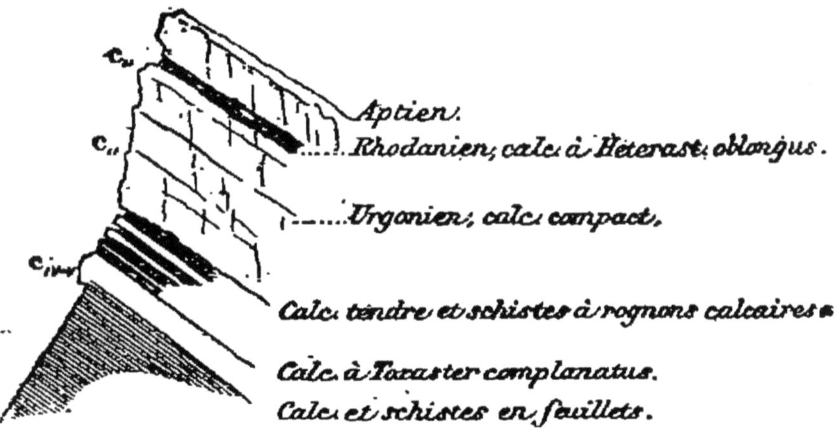

Fig. 16. — Rochers du Cruet. Coupe de l'urgonien et du néocomien supérieur, d'après M. Maillard.

ferrugineuses repose sur le calcaire de Berrias à *Pygope diphyoides*.

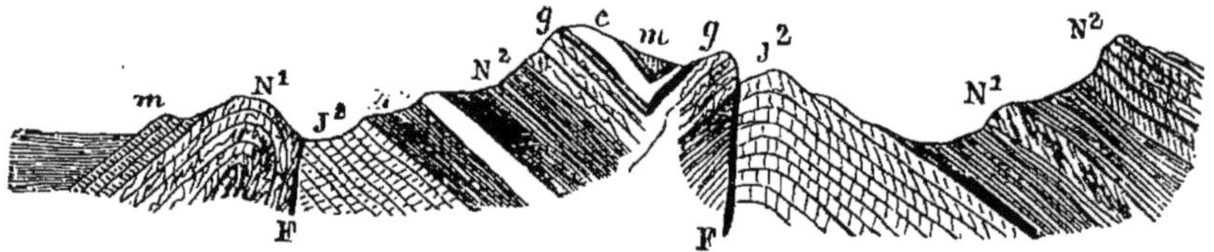

Fig. 17. — Coupe de Saint-Laurent-du-Pont à la Grande-Chartreuse (Lory).
m, mollasse ; N^1, N^2, néocomien ; J^2, jurassique ; g, gault ; c, craie ; F, faille.

ÉTAGE BARRÊMIEN. — Dans le Dauphiné méridional, le néocomien est surmonté par une puissante masse de calcaire compact à *Requienia ammonia*, qui forme le massif de la Grande-Chartreuse. Au-dessus de ce calcaire coralligène, viennent deux zones marneuses à *Orbitolina conoidea*, riches en Échinides (*Heteraster oblongus*, *Pygaulus depressus*). La plus élevée de ces deux zones (marne du Rimet), renferme *Toucasia carinata* et *Requienia Lonsdalei*, avec *Plicatula radiola* et *Acanthoceras Martini*.

ÉTAGE APTIEN. — L'aptien manque dans le Dauphiné du nord, où il est réduit à des lumachelles jaunes à *Acanthoceras Milletianum*.

ÉTAGE ALBIEN. — L'albien apparait irrégulièrement avec des nodules à phosphates analogues à ceux de la perte du Rhône.

Dans le Dauphiné méridional, l'aptien comprend des calcaires à *Ancyloceras*, *Ostrea aquila* et *Toxaster*, supportant des marnes bleues à *Plicatula orbitolina* et *Belemnites semicanaliculatus*.

L'albien débute par des marnes à nodules phosphatés contenant des *Turrilites*. Au-dessus, s'étendent des sables glauconieux renfermant au nord de Valaurie un minerai de fer exploitable. L'albien se termine par des grès verts à *Schlœnbachia inflata*.

Montagne de Lure. — Dans ces régions, la série infracrétacique est très bien développée à la montagne de Lure (Kilian).

ÉTAGE NÉOCOMIEN. — SOUS-ÉTAGE VALANGINIEN. — Il débute par une assise de marnes à Ammonites ferrugineuses, concordantes avec la zone portlandienne à *Hoplites Boissieri*. Ces marnes renferment: *Hoplites neocomiensis*, *Haploceras Grasianum*, *Pygope diphyoides*; elles sont surmontées par des calcaires marneux à *Holcostephanus astierianus* (fig. 18).

SOUS-ÉTAGE HAUTERIVIEN. — Il est représenté par

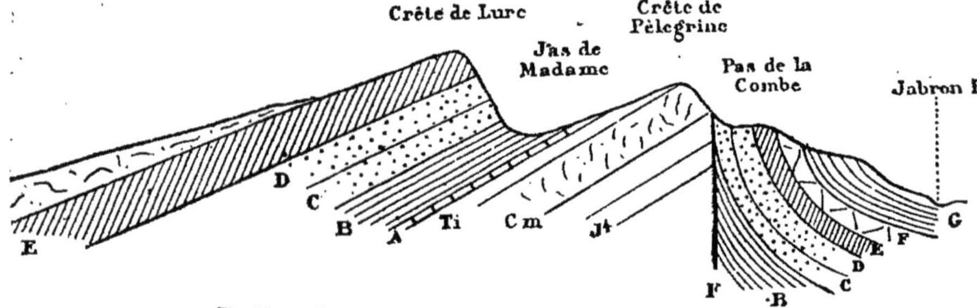

Fig. 18. — Coupe transversale de la montagne de Lure (M. Kilian).

A, couches de Berrias; B, C, D, E, F, G, H, couches diverses du néocomien, de l'aptien et du gault; J^4, calcaires à *Am. polyplocus* et *acanthicus*; Cm, calcaire massif à *Am. lorgi*; Ti, calcaires à *Am. geron* et couches à *Am. calisto.*

une puissante assise de calcaires marneux à *Crioceras Duvali*, *Hoplites radiatus*, et *H. Leopoldinus*.

Étage barrêmien. — Ce sont des calcaires à *Desmoceras difficile*, *Macroscaphites Yvani*, *Crioceras Emerici*, *Pulchellia compressissima;* et des calcaires à rognons de silex, dans lesquels on a trouvé *Ancyloceras Matheroni*.

Étage aptien. — A la base, l'aptien est formé par un calcaire en plaquettes à *Acanthoceras cornuelianum* et *Hoplites Dufrenoyi ;* au sommet par des marnes bleues à *Desmoceras nisus*, *Hoplites furcatus*, *Belemnites semicanalicutus* et *Plicatula radiola*.

Étage albien. — Il débute par des couches glauconieuses à phosphates, caractérisées par *Belemnites minimus*. Ces couches passent à un calcaire glauconieux à *Desmoceras Beudanti*, *Schlœnbachia inflata* et *Inoceramus concentricus*, et l'étage se termine par des grès et des sables verts à *Schlœnbachia inflata*.

Provence. — La même succession s'observe au mont Ventoux, sur le flanc méridional duquel le barrêmien supérieur présente une assise de 150 mètres de calcaires blancs presque crayeux à *Requienia ammonia* et *Requienia Lonsdalei ;* au-dessus, vient un calcaire à *Ancyloceras Matheroni* et *A. gigas*. Le calcaire coralligène du Ventoux se relie par les monts de Vaucluse et le mont Léberon au massif coralligène de la basse vallée de la Durance (Orgon).

En ce point, le calcaire à *Ancyloceras* est très réduit. Mais on observe un calcaire (calcaire à Caprotines) où les Chamacés pullulent, ce sont : *Requienia Ammonia*, *R. gryphoides*, *R. Lonsdalei*, *Toucasia carinata*, *Monopleura trilobata*, etc.

L'étage aptien se montre, au-dessus, formé de marnes et de calcaires marneux à *Ostrea aquila* et *Ancyloceras Renauxianum*.

Il repose, aux environs d'Apt, sur les marnes de

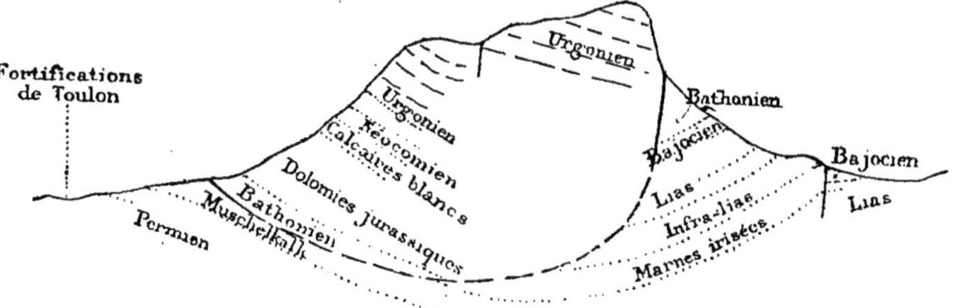

Fig. 19 — Coupe du mont Faron aux environs de Toulon (M. Marcel Bertrand).

Gargas riches en Ammonoïdes pyriteux et en Plicatules (*Plicatula placunea*, *Desmoceras nisus*, *Hoplites Dufrenoyi*) et *Belemnites semicanaliculatus*.

Aux environs de Barrême, la série infracrétacique se montre en ordre renversé par suite de l'accident de terrain qui a dévié la chaîne des Dombes (Vélain). Le néocomien y est représenté par des marnes à petites Ammonites ferrugineuses (*Hoplites neocomiensis* et *Phylloceras calypso*) et des calcaires à *Ancyloceras Duvali* et *Belemnites pistilliformis*.

Le barrêmien est représenté par des calcaires à *Desmoceras difficile*, *Macroscaphites Yvani* et *Ancyloceras*.

Des calcaires marneux et des marnes terminent la série.

L'albien est formé de grès verdâtre à *Desmoceras mayorianum*, *Acanthoceras Lyelli*, *Hoplites deluci*, *Turrilites catenatus*, *Belemnites semicanaliculatus*, *Discoïdea conoïdea*, *Echinoconus castanea*.

Dans la Provence méridionale, le néocomien est caractérisé par des calcaires à Spatangues et à *Ostrea Couloni*. Il prend un faciès littoral particulier (fig. 19).

L'aptien, très développé à la Bedoule, renferme un grand nombre de *Crioceras* (*Ancyloceras Matheroni*, *Ancyloceras Duvali*), qui atteignent des dimensions considérables. Ce caractère rapproche l'aptien du barrêmien pélagique.

Le calcaire à *Requienia* est aussi très développé; à Beausset, il se charge parfois de silex, et les fossiles disparaissent.

Équivalence des assises infracrétaciques.

	Jura.	*Provence.*	*Dauphiné.*
ALBIEN	Sables verts à *Schlœnbachia inflata*. Calcaires marneux. Sables à nodules de la perte du Rhône.	Calcaire glauconieux à *Schlœnbachia inflata*. Grès et calcaires à *Acanthoceras Lyelli*.	Grès calcaire à *Schlœnbachia inflata*. Sables glauconieux. Couches à nodules phosphatés.
APTIEN	Sables à *Acanthoceras milletianum*. Calcaires marneux, sables et grès à *Plicatula*.	Calcaire à *Ancyloceras* et *Ostrea aquila*. Calcaires urgoniens à *Requienia* et calcaires à *Ancyloceras* de la Bedoule.	Marnes à *Belemnites semicanaliculatus*. Calcaires à grandes *Ancyloceras*.
ALBIEN	Couches marneuses à Orbitolines. Calcaires à *Toucasia*. Calcaire à *Requienia ammonia*.	Calcaires à *Macroscaphites Yvani* et à *Ancyloceras*.	Couche du Rimet à Orbitolines. Calcaire à *Ancyloceras* et calcaire à *Requienia ammonia*.
NÉOCOMIEN — Hauterivien	Calcaire jaune de Neuchâtel. Marnes d'Hauterive.	Calcaire à *Ancyloceras Duvali* et *Bel. pistilliformis*.	Calcaire jaune. Calc. à Spatangues. Marnes à Belemnites plates. Calc. à *Holcostephanus astierianus*.
NÉOCOMIEN — Valanginien	Calcaire ferrugineux. Calcaire à *Natica Leviathan*.	Marnes et calcaires marneux à Ammonoïdes ferrugineux.	Calcaire ferrugineux. Calcaire du Fontanil. Marnes à Ammonoïdes ferrugineux.

France orientale. — A mesure que l'on s'avance vers le nord, les dépôts d'eau douce tendent à prédominer dans la série infracrétacique, au moins jusqu'à l'albien. On admet que les couches néocomiennes du bassin de Paris se sont déposées près du rivage septentrional d'une mer qui arrivait au Jura et se reliait par ces régions à la Méditerranée de la période.

Étage néocomien. — La première assise néocomienne est une argile noire à ossements de Tortues terrestres, elles est surmontée par un minerai de fer hydroxylé en concrétions creuses et cloisonnées et par des sables ferrugineux passant au sable blanc pur. Vient ensuite un système de marnes et de calcaires, connu sous le nom général de calcaire à Spatangues. Il renferme : *Toxaster complanatus*, *Ostrea Couloni*, *Pterocera pelagi*, *Hoplites radiatus*.

Étage barrèmien. —Il débute par l'argile ostréenne qui renferme en abondance une grande Huître intermédiaire entre *Ostrea aquila* et *O. Couloni*. Au-dessus, viennent des assises d'eau douce remarquables par la diversité de leurs couleurs, ce sont des sables versicolores et des argiles panachées. On y rencontre des Végétaux : Séquoias, Pins, Fougères, et des coquilles d'eau douce, *Unio*, *Paludina*, *Cyclas*. Des sables ferrugineux, et un minerai de fer oolithique viennent ensuite et sont surmontés par l'argile rouge de Wassy, qui est d'origine marine et dont les fossiles indiquent l'équivalence avec le barrêmien supérieur.

Dans le département de l'Aube, l'étage barrêmien est marin. Ce fait est intéressant, car le département se trouve en face du détroit de la Côte-d'Or et communiquait directement avec la mer du Sud-Est.

Étage aptien. — L'étage aptien est connu dans la partie orientale du bassin de Paris sous le nom d'argile à Plicatules. L'assise inférieure ne contient pas d'Ammonites, mais des *Térébratules*, *Ostrea aquila* et *Plicatula placunea*. La couche moyenne à concrétions marneuses renferme *Ancyloceras Matheroni* et *Acanthoceras cornuelianum*. L'assise supérieure contient *Plicatula placunea*, *P. radiola*, *Hoplites Deshayesi* et *Desmoceras nisus*. Ces argiles sont surmontées par des sables à *Ostrea aquila* et *O. arduennensis*.

Dans les Ardennes, l'aptien inférieur est un grès ferrugineux fournissant le minerai du Bois des Loges près de Grand-Pré et celui de Blangy dans l'Aisne.

L'aptien supérieur est formé de sables verts argilo-ferrugineux à *Acanthoceras milletianum* et *Ostrea arduennensis*. Ces couches se retrouvent dans le Cher. à Santerre, et se prolongent jusqu'aux environs de Bourges.

Étage albien. — Il se divise, dans l'est du bassin de Paris, en une assise inférieure sableuse (*sables verts*) et une assise argileuse ou *gault*, dite aussi *argile téguline* à cause de son application à la fabrication des tuiles.

Les sables verts renferment peu de fossiles, et beaucoup de morceaux de bois silicifiés.

Le gault renferme, à sa base, *Acanthoceras mamillare*, *A. Lyelli*, *Hoplites Deluci*, *Plicatula placunea*. Au-dessus, viennent des sables plus ou moins épais, puis une nouvelle couche d'argile à *Hoplites auritus*, *H. splendens*, *Turrilites catenatus*.

A l'ouest d'Auxerre, l'albien affecte un faciès particulier, les sables verts varient peu, ils sont surmontés par une argile pauvre en fossiles que couronnent les sables ferrugineux de la Puisaye. Ces sables sont, en certains points, couronnés par un grès à *Schlœnbachia inflata*. Les fossiles du gault se retrouvent dans les argiles inférieures aux sables de la Puisaye, sur la rive droite de la Loire.

Dans la Meuse et dans les Ardennes, l'albien se divise en trois assises :

L'assise inférieure est un sable argileux vert à *Acanthoceras mamillare*, contenant des nodules de phosphates de chaux (*coquins*), résultant d'une concentration du phosphate de calcium, d'origine inconnue, autour de corps organiques en décomposition.

L'assise moyenne est caractérisée par *Hoplites tuberculatus* et *H. lautus*, c'est une couche argileuse, remplacée parfois par une roche siliceuse et poreuse, la gaize de Draize. Dans l'Argonne, à la partie supérieure du gault argileux, on observe un cordon de nodules bruns, de phosphates plus riches que ceux des sables, ces nodules appartiennent à la zone à *Hoplites splendens*, surmontée par la zone à *Schlœnbachia inflata*.

L'assise supérieure est constituée, dans l'Argonne, par un grès calcarifère argilo-siliceux très léger, dit gaize de l'Argonne et qui renferme, avec *Schlœnbachia inflata*, des fossiles du cénomanien. C'est dans cette gaize qu'a été découverte, à Sainte-Menehould, une feuille de Laurier, montrant que l'apparition des Dicotylédones, en France, a eu lieu pendant la période de transition entre l'albien et le cénomanien.

Normandie. — En Normandie, et sur toute la lisière occidentale du bassin de Paris, les dépôts infracrétaciques n'affleurent pas. Ce n'est qu'en de rares localités vers l'embouchure de la Seine que des dislocations ont amené au jour certaines assises ; mais aucune ne semble d'âge néocomien ou barrêmien. On trouve entre Rouen et Villequier un poudingue aptien à *Ostrea aquila* et *Acanthoceras milletianum*.

L'albien se montre sur les falaises normandes. A Honfleur, il apparaît sous forme d'une argile noire micacée à *Hoplites deluci* et *Ostrea aquila*.

Dans le pays de Bray, un soulèvement important a fait surgir les assises infracrétaciques (fig. 20).

A la base, sont des sables blancs et des argiles ré-

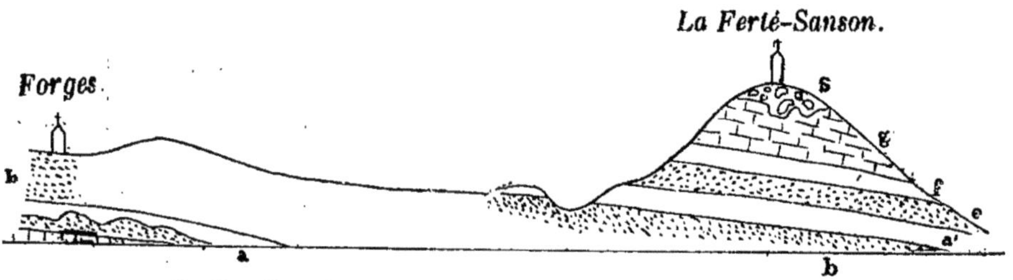

Fig. 20. — Coupe du crétacé inférieur du pays de Bray (d'après M. Gosselet).

a, argiles de Forges; *a'*[1], argile panachée; *b*, sables blancs; *e*, zone à *A. mamillaris* *f*, zone à *A. interruptus*; *g*, zone à *A. inflatus*; *s*, argile et silex.

fractaires, puis des grès et une argile analogue à l'argile versicolore de la Haute-Marne, représentent le néocomien et le barrêmien.

Dans le sud de la région apparaît une argile à *Ostrea aquila*. Cette argile aptienne est recouverte par les sables inférieurs du gault, auxquels succèdent les argiles à *Hoplites deluci* et *Hoplites splendens*. Enfin, vient la gaize à *Schlœnbachia* identique à celle de l'Argonne et offrant des fossiles cénomaniens.

Boulonnais. — En dehors du pays de Bray, les affleurements infracrétaciques ne sont visibles, au nord de la France, que dans le Boulonnais.

La base de la série présente des sables et une couche de minerai de fer peu épaisse. Au-dessus viennent des argiles de diverses couleurs. Le minerai contient des coquilles d'*Unio*, de *Cyclas* et de *Cyrena*. L'ensemble correspond au wealdien.

Sur ce wealdien, repose une argile à *Ostrea aquila*, surmontée par un grès vert calcarifère.

Puis vient une couche de nodules phosphatés, formant la base de l'albien. Les argiles du gault, peu épaisses, sont couronnées par une marne grise à *Schlœnbachia inflata* et *Inoceramus sulcatus*.

Angleterre. — Le début de la période infracrétacique, en Angleterre, montre de puissants dépôts d'estuaires ou de deltas, qui attestent que le mouvement d'émersion accompli lors des dépôts purbeckiens n'avait pas eu pour effet de repousser la mer à une distance bien considérable.

Le type le plus caractérisé de ces dépôts est celui du Weald sur les territoires de Kent et de Sussex et qu'on a longtemps décrit sous le nom de *wealdien* comme un étage à part.

Étage néocomien. — La formation wealdienne peut être considérée comme le delta d'un fleuve ou d'une série de cours d'eau descendant au nord-ouest et arrosant une région dont les districts montagneux de l'Angleterre actuelle ne représentent qu'une faible partie.

Les dépôts sont arénacés à la base (sables et grès de Hastings), et argileux au sommet (*Weald clay*).

Les sables de Hastings renferment un grand nombre de *Dinosauriens* (*Iguanodon*, *Hylæosaurus*), des *Sauroptérygiens* (*Plesiosaurus*), des *Crocodiliens*, des Poissons et des coquilles d'eau douce (*Cyclas*, *Unio*, *Cyrena*, *Melania*, *Melanopsis*, *Paludina*). On y a découvert aussi des *Conifères*, des *Fougères* et des *Cycadées*.

Le Weald clay est une argile bleue entremêlée de schistes et de couches minces de sables, ainsi qu'un calcaire à Paludines. Les argiles renferment des *Cyprès* et des restes d'*Iguanodon Mantelli*.

Étage barrêmien. — Les argiles du Weald supportent des grès verts (*lower green sand*), d'origine marine qui marquent la fin du régime des deltas dans la région septentrionale ; seulement, les dépôts accusent une origine littorale. La première assise du grès vert est l'argile d'Atherfield qui renferme des *Pinna*, des *Panopæa*, des *Trigonia*, des *Gervillia*, des *Thetis*, des *Cardium*.

Quant au grès vert proprement dit, sa faune le rattache à l'étage aptien.

Dans l'île de Purbeck, à Punfield, des argiles et des sables contenant *Hoplites Deshayesi*, *Ostrea aquila*, *Plicatula asperrima*, *Anomia lævigata*, succèdent au Weald clay. Ces couches ont été assimilées à l'argile rouge de Vassy et sont supérieures aux argiles d'Atherfield.

Étage aptien. — L'aptien est représenté par le *lower green sand*, qui renferme parfois assez d'oxyde de fer pour donner lieu à une exploitation. La base en est formée par un grès calcarifère (*Kentish rag*) où l'on trouve des restes d'*Iguanodon*, mais il n'y a pas dans l'étage de restes de Poissons ni de Reptiles.

Dans le comté de Kent, le lower green sand comprend un grès vert (couche de Hythe), une argile noire à *Ostrea aquila* (couche de Sandgate) et les couches de Folkestone à *Acanthoceras mamillare* et à nodules de phosphates. Ces couches établissent le passage de l'aptien à l'albien.

Étage albien. — L'invasion marine est accusée davantage par les dépôts du gault, et les différences disparaissent entre les latitudes septentrionales et les latitudes inférieures. Les sédiments argileux de la région orientale du bassin de Paris couvrent l'ancien delta du Weald.

Le gault de Folkestone est une assise argileuse très fossilifère, qui renferme : *Hoplites auritus*, *H. lautus*, *H. interruptus*, *Desmoceras Beudanti*, *Schlœnbachia inflata*, *Belemnites minimus*, *Nautilus inæqualis*, *Nucula pectinata*, *Inoceramus concentricus*, *I. sulcatus*, *I. subsulcatus*, *Plicatula pectinoides*, *Terebratula biplicata*, *Rhynchonella sulcata*, quelques *Échinides* et des *Polypiers*.

Équivalence des assises infracrétaciques en Angleterre et dans le bassin de Paris.

	Bassin de Paris.	*Angleterre.*
ALBIEN.......	Gaize de l'Argonne (zone inférieure). Argiles à *Hoplites*. Sables verts.	Gault argileux à *Hoplites*.
APTIEN.......	Sables à *Acanthoceras milletianum*. Argile à *Plicatules* et minerai du Bois des Loges.	Couches de Folkestone à *Acanthoceras mamillare*. Couches de Sandgate. Couches de Hythe.
BARRÊMIEN....	Argile rouge de Vassy. Argile bariolée. Grès versicolore. Argile ostréenne.	Couches de Punfield. Argile d'Atherfield.
NÉOCOMIEN....	Calcaire à Spatangues. Sables et minerai de fer. Calcaires blancs. Marne noire à ossements de Tortues.	Argiles du Weald. Sables du Weald. Sables de Hastings.

II. — SÉRIE SUPRACRÉTACIQUE.

Caractères de la série supracrétacique. — Le début de la période supracrétacique est marqué par une transgression marine, telle que l'étude des dépôts stratifiés n'en offre pas de semblable.

La mer a envahi tous les territoires émergés, depuis la péninsule ibérique jusqu'au nord de l'Écosse, le massif de Bohême, la Bavière, le Danemark, la Pologne, la Russie méridionale, la région Aralo-Caspienne; les chaînes touraniennes émergées depuis les temps paléozoïques ont été submergées. En même temps, la région méditerranéenne, l'Atlas, le Sahara oriental, l'Arabie, ont été couverts par une mer qui atteignait l'Hindoustan. En Amérique, l'invasion a occupé le Mexique, le Texas, le Kansas, atteignant probablement les régions polaires. La vallée de l'Amazone, la Patagonie, l'Afrique et l'Australie laissent voir des traces de la transgression.

En France, la mer albienne s'était arrêtée à l'embouchure de la Seine. A l'époque supracrétacique, elle dépasse, dans la Basse-Normandie, les anciens rivages jurassiques, le plateau des Ardennes est couvert et bientôt l'invasion marine vient submerger le Morvan.

La submersion qui commence dès les temps cénomaniens atteint son maximum durant l'époque sénonienne, après quoi se produit un retrait rapide et notable comme celui qui a accompagné la fin des temps jurassiques.

En même temps, une terre se montre dans les contrées boréales; elle embrasse le Groenland oriental, le Spitzberg, la Scandinavie boréale, la Russie septentrionale, la Sibérie et le nord de la Chine. Dans l'hémisphère austral, le grand plateau paléozoïque Australo-brésilien est seulement bordé par les dépôts supracrétaciques, bordure qui atteste l'existence d'un grand continent, dans ces régions, à cette époque.

La transgression marine s'est accomplie avec une tranquillité remarquable. La sédimentation est, sauf au début, très régulière, les éléments clastiques y prennent une faible part, ce sont des dépôts chimiques ou organiques qui prédominent.

Calcaire à Rudistes. — Dans la zone méditerranéenne, depuis le golfe du Mexique jusqu'aux Balkans et de là jusqu'au centre de l'Asie, se produit une formation particulière, le *calcaire à Rudistes.*

Les Rudistes (*Hippuritinés, Radiolitinés*), sont des

Chamacés dont la valve libre est conique et non enroulée, les dents et les apophyses myophores de cette valve sont très développées (1).

On ne connaît pas les conditions d'existence de ces Lamellibranches. Cependant, ils continuent le calcaire à *Requienia*, comme celui-ci continuait le calcaire à *Diceras*. Leur mode d'activité est spécial à la période supracrétacique. Ils forment des bancs lenticulaires, mais pas de vrais récifs. Ce sont des formations du type coralligène, mais ce ne sont plus des calcaires construits. Déjà, à cette époque, les conditions nécessaires aux vrais récifs coralliens s'éloignaient des parages de la zone tempérée.

Craie. — Dans les régions boréales, les calcaires à Rudistes ne se montrent pas; les dépôts sont formés d'une roche tendre, blanche, traçante, la *craie*.

La craie blanche est formée de particules calcaires amorphes, auxquelles sont associées, en grand nombre, des tests de *Foraminifères*. On y observe aussi des coquilles d'*Inoceramus*, des débris de Coraux, de Bryozoaires, d'Échinodermes, de Mollusques, des Radiolaires siliceux et des spicules d'Éponges.

Au microscope, les fragments d'organismes se montrent disséminés dans un ciment amorphe avec débris de Foraminifères. La craie est d'autant plus fine que le ciment est plus développé.

Dans certains massifs crayeux, les rognons de silex abondent, ils résultent, sans doute, d'un phénomène de concentration moléculaire, par suite duquel la silice, éparse dans la craie, s'est rassemblée autour des corps organiques en décomposition. Il est peu admissible que cette silice provienne d'émanations internes. On suppose que les spicules d'Éponges et de Radiolaires ont offert une quan-

(1) Voy. H. Girard, *Aide-mémoire de Paléontologie*.

tité suffisante de silice amorphe qui s'est ensuite séparée de la craie. On trouve encore, associée à la craie, de la marcassite (1), transformée en limonite.

Le dépôt de la craie s'est accompli avec lenteur et les associations d'animaux qu'on y observe sont analogues aux formations abyssales actuelles. La minceur des coquilles d'*Huîtres* indique que ces animaux ne vivaient pas dans des conditions normales. L'absence d'agitation de la mer est attestée par la bonne conservation des *Échinides*, en particulier des *Cidaris*.

Les assises inférieures de la craie sont souvent mouchetées de *glauconie* (hydrosilicate de fer et de potassium vert). On a observé que les grains de glauconie reproduisent le moule intérieur des coquilles de Foraminifères. De même, les grains gris de fluophosphate de calcium, qui parsèment la craie phosphatée, sont remplis de débris reconnaissables d'ossements de Poissons.

Souvent, on trouve dans les assises crétaciques, des bancs durs, ferrugineux, dits *bancs-limites*, que l'on regarde comme la trace de courants de fond qui troublaient la tranquillité de la mer. Les Ammonoïdes sont plus abondants sur les bancs-limites qu'ailleurs, ce qui confirme l'hypothèse.

Faune. — *Protozoaires.* — Les *Foraminifères* sont très répandus dans la craie, ce sont des *Lituolidés* et des *Mililiolidés* et surtout des *Perforés* (*Lagénidés*, *Textularidés*, *Rotalidés*, *Globigérinidés*, *Nummulinidés*).

Spongiaires. — Les *Spongiaires* ne sont pas moins abondants (*Pharétrones*, *Lithistidés*, *Dictyoninés*, *Tétractinellidés*, *Monactinellidés*).

Cœlenterés. — Le groupe des Coralliaires est celui

(1) Voy. H. Girard, *Aide mémoire de Pétrographie et de Minéralogie.*

qui prédomine (*Eusmilina, Parasmilia, Trochosmilia, Cyclolites*).

Échinodermes. — Sont représentés par les *Crinoïdes* (*Pentacrinacés*), des *Astéroïdes* et surtout des *Échinides*. Les *Cidaridés* sont très communs; les *Glyphostomes* sont très répandus (*Salenia, Peltastes, Codiopsis, Psammechinus, Pygaster, Holectypus, Discoidea, Anorthopygus, Echinoconus*) ; les *Hétérognathes* n'apparaissent qu'à la fin de la série (*Fibularia*). Les *Dysastéridés* ont disparu, mais les *Synastéridés* pullulent (*Caratomus, Bothriopygus, Pygorhynchus, Cassidulus, Faujasia, Pyrina, Pygaulus, Pygurus, Catopygus, Nucleolites, Ananchytes, Stenonia, Holaster, Stegaster, Cardiaster, Offaster, Coraster, Hemipneustes, Micraster, Hemiaster, Schizaster, Isaster, Isopneustes, Linthia*).

Brachiopodes. — Les *Lingulacés* et les *Discinacés* sont peu nombreux, mais les *Craniacés* sont beaucoup plus abondants qu'aux autres époques, ainsi que les *Thécidiacés*, toutefois, la prépondérance appartient aux *Térébratulacés* (*Rhynchonella, Terebratella, Terebratula, Terebratulina, Terebrirosta*.)

Mollusques. — Parmi les *Gastéropodes*, le sous-ordre des *Diotocardes* est représenté par de nombreux genres, dont les principaux sont : *Pleurotomaria, Trochotoma, Ditremaria, Emarginula, Rimula, Fissurella, Haliotis, Stomatella, Trochus, Turbo, Nerita, Neritina*. Les *Hétérocardes* sont représentés par les genres *Helcion, Tectura, Patella*. Les *Monotocardes* appartiennent surtout aux *Tenioglosses Rostrifères*, et les *Sténoglosses* atteignent un développement qui s'accroîtra encore dans les périodes suivantes.

Dans les *Lamellibranches*, ce sont les Huîtres qui tiennent la plus large place (*Exogyra, Ostrea, Pycnodonta, Alectryonia*), les *Spondylus*, les *Trigonia*, les *Inoceramus* sont aussi bien représentés. La famille des *Chamacés* est abondante dans les calcaires de la région méditerranéenne. Les principaux genres sont : *Toucasia*, *Apricardia*, *Monopleura*, *Gyropleura*, *Caprotina*, *Caprina*, *Caprinula*, *Plagioptychus*, *Radiolites*, *Hippurites*.

Les *Ammonoïdes* disparaissent à la fin de la période, on trouve en abondance, surtout au début : *Schlœnbachia*, *Acanthoceras*, *Scaphites*, *Mammites*, *Stolicskaia*, *Pulchellia*, *Tissotia*, *Pachydiscus*, *Sphenodiscus*, *Placenticeras*, *Heteroceras*, *Turrilites* et des formes droites, *Baculites*.

Les *Belemnoïdes* sont surtout représentés par les genres *Belemnitella* et *Actinocamax*.

Articulés. — Sont peu nombreux et peu intéressants.

Vertébrés. — Les *Poissons* atteignent leur plus haut degré d'organisation avec les *Téléostéens physostomes*, cependant les *Sélaciens* et les *Holocéphales* sont assez abondants, les *Ganoïdes* sont rares. Les dents de Squales (*Lamna*, *Corax*, *Ptychodus*, *Oxyrhina*) sont très fréquentes dans la craie.

Les *Batraciens* sont inconnus.

Les *Reptiles* sont assez développés, les Lacertiliens se montrent assez nombreux, le genre *Symoliophis* est le premier Ophidien connu, les *Pythonomorphes* (*Mosasaurus*, *Plioplatecarpus*, *Clidastes*) se développent à la fin de la série avec quelques *Crocodiliens*. Les *Ptérosauriens* s'éteignent (*Ornithocheirus*, *Pteranodon*) et les *Dinosauriens* sont encore nombreux (*Megalosaurus*, *Hadrosaurus*, *Ceratops*, *Triceratops*, *Struthiosaurus*). Les *Chéloniens* et les *Sauroptérygiens* sont abondants dans la craie de l'Amérique du Nord.

C'est également dans la craie d'Amérique qu'ont été découverts les *Oiseaux* (*Hesperornis* et *Ichthyornis*), qui forment le lien entre l'*Archæopteryx* et les Oiseaux actuels.

Quant aux *Mammifères* se sont des *Pantothériens*, et des *Allothériens*.

Toute une série de ces derniers a été découverte dans la Patagonie australe. Elle renferme quatorze genres formant quatre familles que l'on considère comme les ancêtres des *Allothériens* de l'Europe et de l'Amérique du Nord (*Plagiaulacidés*).

Flore. — Le caractère important de la flore supracrétacique consiste dans le développement complet des *Angiospermes*, qui sont apparues à la fin de la série précédente, et qui s'épanouissent en même temps que des Conifères (*Abietites*, *Sequoia*, *Araucaria*), quelques *Cycadées* et des *Fougères*. Les Palmiers apparaissent avec le genre *Flabellaria*. Les Dicotylédones sont représentées par les genres *Credneria* (éteint), *Hymenea*, *Aralia*, *Magnolia*, *Hedera*, *Platanus*, *Sassafras*, *Ficus*, *Populus*, *Salix*, *Protophyllum*, *Liriodendron*.

La diffusion des plantes à feuillage caduc indique une lumière solaire suffisamment vive et un certain jeu de saisons. Les types franchement tropicaux disparaissent en Europe, et le Palmier ne dépasse pas cette région. Mais on trouve, au Groenland, des Figuiers, et des Bambous, ce qui exclut toute idée de climats arctiques autour du pôle. La flore supracrétacique du Groenland diffère moins de celle de l'Europe centrale, que cette dernière de celle de la région méditerranéenne. La zone tropicale qui couvrait primitivement le globe, se rétrécit lentement.

Divisions en étages. — La série supracrétacique se divise en quatre étages. L'inférieur, qui comprend une partie de la gaize de l'Argonne, est le *cénomanien*. L'étage *turonien* lui succède, puis vient le *sénonien*, subdivisé en un sous-étage inférieur, l'*emschérien*, et un sous-étage supérieur, l'*aturien*. L'emschérien se divise lui-même en *coniacien* et *santonien*, tandis que l'aturien se divise en *campanien* et *maëstrichtien*. Enfin, la série se termine par l'étage *danien*, qui comprend le calcaire à silex du Danemark et le calcaire de Mons.

Bassin anglo-parisien. — ÉTAGE CÉNOMANIEN. — Cet étage est très développé à l'embouchure de la Seine, il recouvre en quelques points les assises suprajurassiques (fig. 21).

L'étage cénomanien forme la partie supérieure des falaises du cap de la Hève. Il débute par des marnes grises à *Schlœnbachia inflata*, *Turrilites Bergeri* et *Hoplites auritus*, ensuite vient une craie glauconieuse (craie de Rouen) qui renferme un grand nombre de fossiles : *Acanthoceras Mantelli*, *A. naviculare*, *A. rotomagense*, *Pachydiscus Lewesiensis*, *Schlœnbachia varians*, *Turrilites tuberculatus*. *T. costatus*, *Scaphites æqualis*, *Belemnites minimus*, *Pecten asper*, *Spondylus striatus*, *Inoceramus striatus*, *Janira quinquecostata*, *Terebratula biplicata*, *Rhynchonella compressa*, *Discoidea cylindrica*, *Cidaris vesiculosa*, *Salenia petalifera*.

Dans l'Eure, le cénomanien débute par une couche d'argile à *Ostrea vesiculosa*, et sa masse principale est une craie jaune sableuse à *Acanthoceras Mantelli* et *Pecten asper*; au-dessus, apparaît une marne glauconieuse à *Acanthoceras rotomagense*.

Dans l'Orne, le cénomanien repose sur le séquanien dont il est séparé par une couche glauconieuse à *Ostrea vesiculosa*, et dans laquelle on trouve *Schlœnbachia inflata*. Au-dessus, viennent des marnes et des sables glauconieux à *Acanthoceras Mantelli* et *Pecten asper*. A cette assise succède une craie tuffeau, durcissant à l'air, avec silex gris, et contenant *Acanthoceras rotomagense* et *Turrilites costatus*. A la partie supérieure, apparaît une marne glauconieuse qui contient les mêmes fossiles.

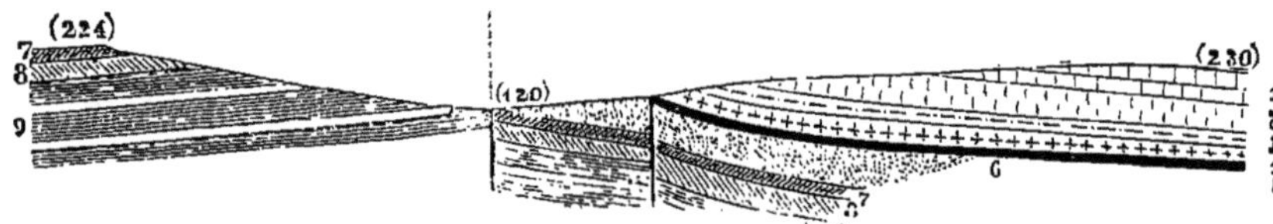

Fig. 21. — Coupe du pays de Bray (d'après M. de Lapparent).

1, craie blanche ; 2, craie marneuse ; 3, craie glauconieuse ; 4, gaize ; 5, argile du gault ; 6, sables verts ; 7, sables ferrugineux à Trigonies ; 8, argiles et grès calcaires du Portlandien inférieur ; 9, argiles à *Exogyra virgula*.

Cette marne supporte des sables qui prennent un grand développement dans le Perche (sables du Perche). On y trouve *Ostrea carinata*, *Exogyra columba*, *Rhychonella compressa*, *Acanthoceras naviculare*.

Dans la Sarthe, entre le tuffeau et la craie glauconieuse à *Acanthoceras Mantelli*, s'intercale une assise formée de sables et de grès à *Anorthopygus orbicularis* et *Catopygus columbarius*. Ces sables et ces grès occupent, au Mans, tout l'étage sauf à la partie supérieure, où règne un cordon de marnes à Ostracées dues à l'invasion du bassin de Paris par des courants venus du sud. Les sables du Mans renferment des *Pentacrinacés*, et des fossiles végétaux, parmi lesquels *Magnolia sarthencis*.

Ce faciès sableux du cénomanien se poursuit dans l'Anjou, le Poitou et le Berri. Par place, on voit réapparaître le faciès normand, comme dans la Nièvre et dans l'Yonne. Dans l'Aube, l'étage prend un faciès d'eau profonde, sans sables glauconieux. Il débute par une marne crayeuse à *Ostrea vesiculosa* et *Schlœnbachia inflata*, que surmonte une craie marneuse avec bancs à Ammonoïdes (*A. rotomagense*, *A. Mantelli*, *Sch. varians*, *Turrilites costatus*), puis une craie à Échinides (*Holaster nodulosus*, *Cidaris vesiculosa*) et enfin une craie en plaquettes.

La zone à Ammonoïdes se retrouve dans la Marne, puis viennent des calcaires à *Holaster subglobosus*, supportant une craie marneuse à *Inoceramus labiatus*. En avançant vers le nord, on observe la réapparition des sables, indiquant des conditions littorales. En même temps, les marnes de la base deviennent la gaize de l'Argonne où *Schlœnbachia inflata* s'associe à *Sch. varians*.

En Flandre, le cénomanien est représenté par un poudingue glauconieux à galets de quartz attestant que les terrains primaires longtemps émergés ont

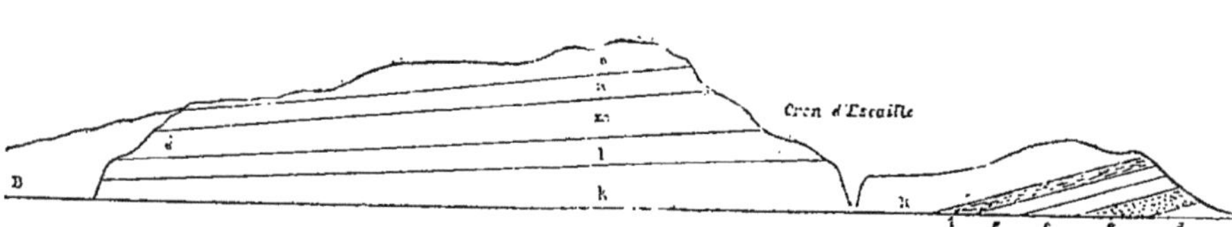

Fig. 22.] Coupe des falaises du cap Blanc-Nez (d'après MM. Chellonneix et Barrois).

B, diluvium et limon ; *d*, zone à *Ostrea aquila* ; *e*, zone à *A. mamillare* ; *f*, zone à *Hopl. interruptus* ; *g*, zone à *Schlœnbachia inflata* ; *i*, zone à *Acanth. laticlavium* ; *k*, zone à *Holaster subglobosus* ; *l*, zone à *B. plenus* ; *m*, zone à *Inoceramus labiatus* ; *n*, zone à *Terebratulina gracilis* ; *o*, zone à *Micraster breviporus*.

subi la transgression cénomanienne. Ce poudingue porte le nom de *tourtia*. On y distingue quatre assises : 1° le tourtia de Sassegnies contenant *Pecten asper* et *Ostrea vesiculosa*, 2° le tourtia d'Assevent à *Schlœnbachia varians*, 3° le tourtia de Tournai avec la faune des grès du Maine et 4° le tourtia de Mons à dents de Squales.

Dans le pays de Bray, l'étage débute par la gaize que surmonte une glauconie, puis une craie marneuse qui, aux environs de Neuchâtel, ressemble à la craie supérieure de la Hève.

Au nord-est du pays de Bray, les affleurements du cénomanien disparaissent, et le soulèvement du Boulonnais les remet seul à jour. Dans cette région, le cénomanien offre un faciès particulier qui rappelle son faciès anglais. Au cap Blanc-Nez (fig. 22), il est formé par une marne crayeuse sans silex et très argileuse à la base où elle contient *Acanthoceras naviculare*, *Schlœnbachia varians*, *Discoidea subuculus*.

La craie marneuse se divise en une zone à *Schlœnbachia varians*, *Turrilites costatus* et *Acanthoceras Mantelli*, et en une deuxième zone à *Acanthoceras rotomagense* et *Holaster subglobosus*.

En Angleterre, les sédiments rappellent le tourtia flamand et constituent les grès verts supérieurs (*upper green sand*) à *Schlœnbachia inflata* et *Ostrea conica*. Les grès verts sont couronnés par le *chloritic marl* à *Acanthoceras Mantelli* et *Pecten aster*. Au-dessus vient le *chalk marl* ou craie marneuse à *Holaster subglobosus*, *Turrilites costatus* et *Acanthoceras rotomagense*.

Étage turonien. — En Normandie, le turonien s'observe près de Rouen, où il débute par un lit noduleux dur à *Actinocamax plenus*, *Rhynchonella Cuvieri* et *Inoceramus labiatus*. Au-dessus on compte trois assises. 1° La plus inférieure, sans silex, contient de grands Ammonoïdes (*Mammites nodosoides*), des dents de Poissons, et de grandes quantités d'*Inoceramus labiatus*. 2° L'assise moyenne renferme des cordons de silex et contient *Rhynchonella Cuvieri*, *Echinoconus subrotundus*, et *Terebratula semiglobosa*. 3° L'assise supérieure est une craie tendre, à *Terebratula gracilis*, elle se charge peu à peu de silice et passe à la craie proprement dite, où la Térébratule est associée à *Holaster planus* et *Micraster breviporus*.

La craie à *Inoceramus* affleure encore auprès de Laigle, et fournit la craie hydraulique. Dans le Perche et dans le Maine, on l'exploite pour le marnage, elle contient des silex noirs en bancs réguliers.

Vers le sud, un nouveau faciès du turonien apparaît. Sa base est formée par une craie noduleuse ou glauconieuse, son sommet par une craie sableuse micacée. Ce faciès s'accentue de plus en plus vers le sud.

En Touraine, la base du turonien est une craie marneuse (vallée du Cher), surmontée d'une craie micacée (tuffeau de Touraine).

La craie marneuse est grise et renferme *Rynchonella Cuvieri;* la craie micacée, jaunâtre et durcissant à l'air, contient *Inoceramus labiatus* et *Echinoconus subrotundus*. Sa faune de Céphalopodes renferme *Mammites Rochebrunei*, d'origine aquitanienne et qui ne se retrouve qu'à Saumur. Sa présence prouve que le bassin de Paris communiquait avec le sud-ouest par un détroit qui devait être sur l'emplacement des hauteurs du Gâtinais.

Le sommet du turonien de Touraine est un ensemble de marnes et de calcaires sableux jaunâtres et parfois chargés de glauconie.

Le turonien réapparaît dans l'Orléanais, aux environs de Gien, sous forme d'une craie blanche, dure, sans silex, à *Inoceramus labiatus* et *Rynchonella Cuvieri.*

A partir de ce point, le turonien forme autour du bassin de Paris une ceinture continue. Depuis Sainte-Menehould jusqu'à Rethel, il forme la falaise de Champagne.

Dans le Boulonnais, l'étage turonien est bien développé au cap Blanc-Nez. Il est tout entier crayeux et les silex y font défaut sauf dans la partie supérieure.

La base est une marne à *Actinocamax plenus.* Au-dessus vient une zone où abonde *Inoceramus labiatus*, associé à *Rhynchonella Cuvieri*, *Echinoconus subrotundus* et *Mammites nodosoides.*

Une craie compacte à *Terebratulina gracilis* vient au-dessus. Puis on trouve des zones à silex et à *Inoceramus Brongniarti*, *Rynchonella Cuvieri*, *Holaster planus* et *Pachydiscus peramplus.*

Le même faciès s'observe en Angleterre, où la craie turonienne est sans silex (*chalk without flints*). La silice n'apparaît qu'au sommet, où la roche plus dure est nommée *chalk rock.*

Étage sénonien. — La craie blanche sénonienne forme partout le fond de la cuvette tertiaire du bassin parisien. Elle est extrêmement pauvre en Ammonoïdes, et c'est par les Échinides et les Belemnitelles qu'on établit la division en assises.

L'étage débute par une craie à *Micraster cortestudinarium.* Elle comprend toutes les couches noduleuses de la vallée de la basse Seine. Elle renferme beaucoup d'espèces de *Cidaris*, *Spondylus spinosus*, *Rynchonella plicatilis*, *Inoceramus Mantelli* et *Ananchytes gibba*, dans les zones supérieures le *Micraster* est remplacé par *Epiaster gibbus.* La craie à *Micraster cortestudinarium* forme dans le bassin de Paris le *coniacien*, qui est bien mieux développé en Touraine.

L'assise suivante est caractérisée par *Micraster coranguinum*, elle contient les mêmes *Cidaris* que l'assise précédente, *Actinocamax verus*, *Echinoconus conicus* à la base, *Inoceramus involutus* et *Marsupites ornatus* au sommet. La craie à *Marsupites* est magnésienne; cette couche forme la partie supérieure du *santonien*.

L'assise supérieure est caractérisée par les Belemnitelles (*B. mucronata*, *B. quadrata*). On peut y distinguer quatre horizons : 1° craie de Reims à *Micraster fustigatus*, *Spondylus æqualis* et *Crania parisiensis;* 2° craie de Reims à *Micraster glyphus;* 3° craie de Compiègne à *Magas pumilus;* 4° craie de Meudon et d'Épernay à *Micraster Brongniarti* et *Ostrea vesicularis*. La craie de Meudon est riche en Bryozaires et en dents de Poissons (*Corax*, *Otodus*).

Le sénonien atteint encore son développement complet dans l'Yonne et en Champagne. Le camp de Châlons est assis sur la craie à *Micraster coranguinum*, la craie à Belemnitelles se développe de Reims à Épernay.

En Flandre, la craie à *Micraster cortestudinarium* est grise et contient des granules de phosphate. Ceux-ci contiennent des Foraminifères et des os.

En Normandie, la craie blanche débute par une assise à silex noirs, c'est la craie noduleuse à *Micraster cortestudinarium*. En quelques falaises de la Manche (Étretat, Fécamp), cette craie est couronnée par une craie à silex zonés, c'est l'horizon à *Epiaster gibbus*. Au-dessus, vient la craie blanche à *M. coranguinum*. A Mantes et à Gisors, on observe, au-dessus de cette craie, la *craie à Belemnitelles*, où les silex sont rares. C'est le sommet de cette zone qu'un relèvement du sol amène au jour à Meudon, on y trouve surtout *Magas pumilus* à la base, et *Micraster Brongniarti* au sommet, où existe aussi *Scaphites spiniger*, fossile abondant dans la craie de Maëstricht. Le dernier banc de craie à Meudon présente une teinte jaunâtre et est criblé de cavités, d'où le nom de *craie tubulée*.

En Touraine, la composition du sénonien subit une transformation comparable à celle qu'à subie le turonien.

Dans le Loir-et-Cher, à Villedieu, apparait un calcaire jaune, dit craie de Villedieu, qui débute par un calcaire à ciment siliceux et qui renferme des Ammonoïdes : *Tissotia Ewaldi*, *Mortoniceras tricarinatum;* au-dessus viennent des marnes glauconieuses à *Mortoniceras serratomarginatum*, *Exogyra auricularis*, *Micraster turonensis*, *Rhynchonella vespertilio*, l'assise se termine par des marnes sableuses à *Placenticeras Orbignyanum*, *Spondylus truncatus*, *Lima ovata*, *Sphærulites Coquandi*.

La craie de Villedieu est représentée à Congey et forme avec l'assise à *Micraster turonensis* le *coniacien*. La couche à *Spondylus truncatus* forme le *santonien*.

Le *campanien* (craie de Reims et d'Épernay) fait défaut en Touraine, où l'assise santonienne est surmontée à Villedieu, par une craie blanche à silex, riche en Spongiaires, et dans laquelle on trouve *Spondylus spinosus* et *Micraster Brongniarti*, ce qui l'assimile à la craie de Meudon et au maëstrichtien.

En remontant vers le nord, les érosions postérieures n'ont laissé subsister que des lambeaux de sénonien. Cependant, dans le Cotentin, s'est déposé un calcaire à *Baculites* qui a laissé d'importantes traces.

Ce calcaire débute par un poudingue à galets de roches anciennes, sa masse principale est formée de calcaires jaunes, compacts, alternant avec des sables. La faune comprend *Baculites anceps*, *Ostrea vesicu-*

laris, *Janira quadricostata*, *Crania antiqua*, *Scaphites constrictus*, *Pachydiscus Gollevillensis*, des *Bryozoaires*, et des *Échinides*, faune qui rappelle celle de Meudon et celle de Maëstricht. On y trouve des débris de Poissons et de Pythonomorphes (*Mosasaurus*), qui ont été trouvés aussi à Meudon, et dans le Hainaut.

En Angleterre, l'étage sénonien offre la même composition qu'aux environs de Paris. La succession est la suivante : 1° craie de Douvres à *Micraster cortestudinarium ;* 2° craie à silex zonés et à *M. coranguinum de Broadstairs ;* 3° craie sans silex de Margate à *Marsupites ornatus;* 4° craie phosphatée de Taplow à *Belemnitella quadrata;* 5° craie de Norwich à silex noirs et à *B. mucronata.*

Étage danien. — La craie tubulée de Meudon atteste une émersion qui a arrêté le dépôt des dernières assises maëstrichtiennes. Mais, à l'époque danienne, la mer a recouvert la craie tubulée et a déposé un calcaire à grains arrondis, jaunâtres, composé surtout de tests brisés de coquilles (calcaire pisolithique). C'est l'équivalent de la craie du Danemark.

Les affleurements de calcaire pisolithique sont très limités (Meudon, Bougival, Laversine, Vigny, Montereau, Vertus, etc.). La faune est différente de celle de la craie et présente de grandes affinités avec celle de l'éocène. On y trouve : *Nautilus Heberti*, *N. danicus*, *Trochus Gabrielis*, beaucoup de *Cerithium*, *Corbis multilamellosa*, *Ostrea canaliculata*, *Goniopygus minor* et parfois des débris de Poissons et de *Gavialis macrorhynchus*.

Aux environs de Meudon, le calcaire pisolithique est surmonté par des marnes tertiaires qui contiennent des fragments d'un calcaire dur et jaunâtre, dans lequel on trouve des fossiles identiques à ceux du calcaire de Mons (*Cerithium inopinatum*, *C. maudunense*, *Uteria parisiensis*). Ces calcaires sont d'an-

Assises supracrétaciques du bassin de Paris, de Touraine et d'Angleterre.

			Bassin de Paris.	*Touraine.*	*Angleterre.*
DANIEN			Calcaires des marnes de Meudon. Calcaire pisolithique.		
SÉNONIEN.	Aturien	Maëstrichtchien.	Calcaire à *Baculites.* Craie de Meudon.		Craie d'Irlande.
		Campanien	Craie de Reims. Craie d'Epernay.	Craie à silex et à Spongiaires.	Craie de Norwich. Craie de Taplow.
	Emschérien	Santonien	Craie à *Marsupites ornatus* Craie à *Micraster coranguinum.*	Marnes à *Spondylus truncatus* de Villedieu.	Craie de Margate.
		Coniacien	Craie à *Micraster cortestudinarium.*	Marnes à *Micraster turonensis.* Calc. de Villedieu.	Craie de Broadstairs. Craie de Douvres.
TURONIEN			Craie à *Terebratella gracilis.* Craie marn. à *I. labiatus.* Craie marneuse à *Actinocamax plenus.*	Marnes et craie sableuse. Craie micacée. Tuffeau. Craie de Touraine.	Chalk rock. Chalk without flints.
CÉNOMANIEN			Couches de Rouen. Craie glauconieuse à *Acanthoceras Mantelli.* Gaize supérieure de l'Argonne et du Bray à *Schlœnbachia inflata.*	Marnes à Ostracées. Sables du Perche. Sables et grès du Maine. Glauconie à *Ostrea vesiculosa.*	Chalk marl. Chloritic marl. Upper green sand.

ciennes assises saumâtres ou marines, que des actions chimiques ont transformées en marnes.

Belgique. — Étage cénomanien. — Le cénomanien affecte dans les Flandres, la forme d'un poudingue nommé *tourtia*. On y distingue le tourtia à *Schlœnbachia varians*, et le tourtia de Mons.

Étage turonien. — Le turonien est représenté par des marnes argileuses propres à la fabrication des poteries, on leur a donné le nom de *dièves*. On distingue deux assises de dièves, l'une à *Magus Geinitzi*, l'autre à *Terebratula gracilis*. Dans le Hainaut, on a trouvé au-dessus du tourtia de Mons, une couche phosphatée où abondent les coprolithes et divers fossiles, tels que *Actinocamax plenus*, *Echinoconus subrotundus*, *Spondylus spinosus* et *Rhynchonella Cuvieri*.

Étage sénonien. — Dans le Hainaut, le sous-étage campanien comprend la craie de Saint-Waast à *Belemnitella quadrata*, la craie d'Obourg, à *Bel. mucronata* et *Bel. quadrata*, et la craie de Nouvelles à *Magas pumilus;* la craie phosphatée de Ciply, craie grise, friable, mouchetée de grains bruns de phosphate de calcium. Elle renferme *Bel. mucronata*, *Crania antiqua*, *Baculites Faujasi*, *Thecidium papillatum*. Ces fossiles se retrouvent dans le tuffeau de Saint-Symphorien qui n'existe pas partout, et qui correspond à la partie supérieure du *campanien*.

Le *maëstrichtien* est représenté dans le Hainaut par le tuffeau de Ciply, calcaire blanc ou jaunâtre, avec rognons de silex gris et Bryozoaires. Sa faune renferme *Janira quadricostata*, *Ostrea vesicularis*, *Crania Davidsoni*, des *Hippurites* et des *Radiolites*. Le tuffeau de Ciply ne renferme pas d'Orbitoïdes, il correspond à la partie supérieure du maëstrichtien.

Étage danien. — En Belgique, l'étage danien est représenté par le tuffeau de Cuesmes à *Cerithium*, et par le calcaire de Mons. C'est un calcaire jaune, grossier, friable, formé de débris d'Algues calcaires et de Foraminifères (*Quinqueloculina*). Sa faune, qui rappelle celle du calcaire grossier éocène, renferme des espèces saumâtres (*Pupa*, *Physa*, *Bithynia*) et des Oursins du calcaire pisolithique.

Maëstricht. — Le maëstrichtien tire son nom des formations de Maëstricht. C'est un tuffeau qui repose sur la craie. Le tuffeau est jaune, pétri de Bryozoaires et renferme des bancs à Rudistes. La faune, très riche, est sénonienne. Elle renferme des Reptiles (*Mosasaurus Camperi*, *M. gracilis*, *Chelonia Hoffmanni*), des Poissons (*Corax*, *Otodus*, *Acrodus*), des Crustacés, des Céphalopodes (*Nautilus danicus*, *Baculites anceps*, *Belemnitella mucronata*) avec *Ostrea vesicularis*, *Cidaris Faujasi*, *Hemipneustes*, *Cardiaster*, et des Rudistes. Les Foraminifères, les Bryozoaires et les Madréporaires y sont très fréquents. Le tuffeau de Maëstricht est regardé comme inférieur au tuffeau de Ciply.

Westphalie. — Vers Aix-la-Chapelle, le sénonien prend un faciès sableux littoral, qui est d'ailleurs très localisé. Ce faciès fait place, vers le nord, à un faciès vaseux, pélagique, caractéristique de l'Europe septentrionale, il diffère des faciès parisien et méditerranéen.

Étage cénomanien. — Il est connu sous le nom de *plœner inférieur*. C'est un ensemble de grès à *Pecten asper*, de marnes à *Schlœnbachia varians* et de calcaires à *Acanthoceras rotomagense* et *Holaster subglobosus*.

Étage turonien. — Le turonien est décrit sous le nom de *plœner supérieur*. On y distingue deux assises principales. L'une inférieure, à *Actinocamax plenus*, *Inoceramus labiatus*, *I. Brongniarti*, et *Mammites nodosoides*, est marneuse, calcaire et glauconieuse. L'autre renferme des calcaires marneux, des grès à *Micraster cortestudinarium*, et des calcaires en plaquettes, contenant *Spondylus spinosus*, *Scaphites Geinitzi*, *Micraster breviporus*, *Pachydiscus peramplus* et *Inoceramus Cuvieri*.

ÉTAGE SÉNONIEN. — Il termine en cette région la série supracrétacique. On y distingue les marnes bleuâtres glauconieuses de l'Emscher Grund à *Inoceramus digitatus* et *I. involutus*, puis la craie à *Belemnitella quadrata* et *Inoceramus Crispi*, qui se divisent en plusieurs zones : 1° les marnes de Recklingshausen à *Marsupites ornatus;* 2° les roches quartzeuses d'Haltern à *Inoceramus Crispi;* 3° les roches calcaréo-sableuses de Dulmen à *Bel. quadrata*. Enfin au-dessus vient la craie à *Belemnitella mucronata*, dans laquelle on trouve encore des Ammonoïdes (*Heteroceras polyplocum*, *Scaphites pulcherrimus*) mêlés à *Micraster glyphus* et *Ostrea vesicularis; Baculites anceps* y est aussi commun, ainsi que des végétaux (*Credneria*, *Abietites*, *Eucalyptus*, *Myrica*).

Provence. — A mesure que l'on descend vers le midi, le faciès de la série supracrétacique change, cependant le faciès septentrional de la craie se retrouve jusqu'en Savoie et dans le Dauphiné. La faune de Rouen se mélange, à la montagne de Lure, avec la faune à Rudistes.

ÉTAGE CÉNOMANIEN. — Aux environs de Marseille, le cénomanien est déjà hippuritique. Toutefois, sa zone la plus inférieure renferme encore *Acanthoceras Mantelli*, *Holaster suborbicularis*, *Pecten asper*, de la faune de Rouen. Au-dessus vient une zone à *Anorthopygus orbicularis* et *Pygaster truncatus*. Puis vient une première assise de calcaire à *Caprina adversa*, que surmonte une assise de marnes avec dépôts de lignites et de calcaires marneux. Le cénomanien se termine par des calcaires à *Caprina adversa*. Parfois, au milieu de ceux-ci, s'intercale un calcaire à *Heterodiadema libycum* recouvrant des grès à *Ostrea columba* au-dessus desquels se trouvent des couches saumâtres.

Étage turonien. — Superposé aux calcaires à *Caprina adversa*, le turonien débute par des marnes à *Mammites nodosoides* et à *Linthia Verneuilli*. En certains points, les couches à *Mammites* sont calcaires, et surmontées de marnes à *Nucleolites parallelus*. A ces dernières, sont superposés des calcaires compacts à *Biradiolites cornupastoris* et *Hippurites*, qui passent à des grès et à des sables sans fossiles. Aux Martigues, le turonien offre une flore remarquable attestant l'existence d'une terre émergée.

Étage sénonien. — Le sénonien de Provence offre jusqu'à une assez grande hauteur, une succession de lentilles à *Hippurites*.

La première assise est un grès à *Rynchonella petrocoriensis*, et ce grès est souvent remplacé par un horizon à *Hippurites Zurcheri;* le grès à *Micraster brevis* qui le surmonte, est le dernier terme du *coniacien*.

Dans le *santonien*, les grès, les calcaires et les marnes se succèdent, caractérisés par des Échinides et *Hippurites socialis*, *H. sublævis*, *H. galloprovincialis*.

L'émersion qui s'était produite dans le turonien se manifeste encore par la flore des grès du Beausset, flore remarquable par la similitude qu'elle présente avec des types plus anciens.

Les Dicotylédones y sont rares, et cette moindre transformation de végétaux indique l'action d'un climat plus chaud que celui des régions septentrionales. Les grès à végétaux du Beausset semblent intermédiaires entre le *santonien* et le *campanien*. La distinction entre celui-ci et le *maëstrichtien* est difficile.

Les couches à grands Radiolites et à *Nerinea bisulcata* sont rapportées au *campanien*.

Entre elles et les dépôts fluvio-lacustres de Fuveau et de Trets, s'intercalent des couches à *Ostrea acutirostris* et des marnes saumâtres à *Cassiope Coquandi*, dont la position n'est pas complètement déterminée.

La série fluvio-lacustre est rapportée au *maëstrichtien*.

Elle comprend :

1° Le calcaire à *Bulimus proboscideus* d'Organ, de Valdonne, de Puyloubier ;

2° Les couches à lignites de Trets, de Fuveau et de Gardanne ;

3° Les couches à *Physa galloprovincialis* de la Bégude ;

4° Les grès à *reptiles* et les calcaires de Rognac. Ces derniers représentent le danien.

Les fossiles des couches lacustres sont *Melanopsis galloprovincialis*, *Melania lyra*, *Cyrena galloprovincialis*, *C. concinna*, *C. globosa*. On les trouve dans des calcaires marneux ou compacts que surmontent des lignites passant à la houille, intercalés entre des couches de calcaires propres à la fabrication du ciment, et des argiles rouges à *Cerithium*, *Melania*, *Cyrena*, *Unio* et à débris de *Crocodilus*.

Étage danien. — Les assises supérieures aux lignites sont des calcaires compacts ou marneux à *Lychnus ellipticus*, *L. Marioni*, *L. Matheroni*.

Sur les calcaires à *Lychnus* repose une assise d'argile (*argiles rutilantes*), qui sur les bords du bassin deviennent des poudingues ou des brèches (*brèche du Tholonet*) qu'on attribue au tertiaire.

Pyrénées et Aquitaine. — Dans le sud-ouest de la France la série supracrétacique se poursuit avec son faciès méridional.

Les couches à *Hippurites* apparaissent dans le turonien, la faune de Rouen disparaît, et fait place à un calcaire à *Caprina adversa*, l'*emschérien* et l'*a*-

turien contiennent de nombreux bancs à Hippurites.

Les assises maëstrichtiennes forment, à Royan, une série très complète dans laquelle subsistent encore des Ammonoïdes (*Pachydiscus*).

La craie de Royan semble correspondre à la craie de Ciply.

Le danien présente un faciès lacustre, mais les couches émergées ont été de nouveau couvertes par la mer qui a déposé des sédiments caractérisés par *Micraster tercensis* et qui établissent une transition continue entre le danien et le tertiaire.

Amérique du Nord. — Dans l'Amérique du Nord, la série supracrétacique est très puissante, alors que la série infracrétacique est médiocrement représentée.

Les faciès à Rudistes n'apparaissent que dans les régions méridionales.

Les assises supérieures qui passent insensiblement au tertiaire, sont formées par le *groupe de Laramie* qui a fourni un grand nombre de *Dinosauriens* (*Torosaurus*, *Triceratops Clœosaurus*).

Assises supracrétaciques septentrionales et méridionales.

		Westphalie et Belgique.	Provence, Pyrénées, Aquitaine.
Danien		Calcaire de Mons. Tuffeau de Cuesmes.	Calcaire à *Lychnus*. Calcaire à *Micraster tercensis*. Calcaire lacustre et argiles.
Sénonien.	Aturien.	Tuffeau de Ciply. Tuffeau de Maëstricht. Craie phosphatée de Ciply. Craie de Nouvelles. Craie de Haldem. Craie d'Obourg.	Série lignitifère de Fuveau. Calcaire à Cassiope et craie de Royan. Couches à *Pachydiscus*. Calcaires à grands *Radiolites* et bancs à *Hippurites* des Pyrénées.
	Emschérien.	Craie de Dülmen. Couche de Haltern et de Recklingshausen. Marnes de l'Emscher Grund.	Calcaires supérieurs à *Hippurites*. Grès à *Oursins*. Calcaires à *Hippurites*. Grès à *Micraster brevis*. Couches à *Hippurites Zurcheri*. Calcaire à *Tissotia* des Pyrénées.
Turonien		Plœner à *Scaphites Geinitzi* et *Inoceramus Cuvieri*. Plœner à *Inoceramus labiatus*. *I. Brogniarti*. Dièves.	Marnes à *Nucleolites*. Calcaire à *Mammites*. Marnes à *Linthia Verneuilli*. Calcaire à *Hippurites* et à *Ostrea columba* des Pyrénées.
Cénomanien		Tourtia de Mons. Tourtia à *Schlœnbachia inflata*.	Grès à *Acanthoceras rotomagense* et calcaires du sud-ouest à *Caprina adversa*. Couches à *Schlœnbachia inflata* et calcaires du sud-ouest à *Orbitolina* et *Anorthopygus*.

QUATRIÈME PARTIE

FORMATIONS SÉDIMENTAIRES DES GROUPES TERTIAIRE ET QUATERNAIRE

Divisions du groupe tertiaire. — Durant l'ère tertiaire, les conditions biologiques se sont différenciées beaucoup plus que dans les temps antérieurs, et, de cette différenciation, est résultée la grande variété qui est le caractère essentiel des temps actuels.

Le mouvement d'émersion qui se dessine à la fin de la série supracrétacique se poursuit, des chaînes de montagnes importantes vont se soulever et la mer est peu à peu repoussée dans les limites qu'elle occupe aujourd'hui. La zone tropicale recule vers le sud, et, si l'on trouve encore en Provence une flore voisine de la flore des tropiques, l'Angleterre et les régions boréales sont couvertes de forêts de Conifères.

Un changement considérable dans les faunes et les flores terrestres décèle la variété des conditions biologiques des masses continentales. Les *Mammifères* prédominent, et la flore prend une intensité qui rappelle les temps carbonifériens, seulement, la prépondérance est aux Palmiers et aux arbres à feuillage caduc.

La faune marine est caractérisée par le rôle restreint des *Brachiopodes* et des *Céphalopodes*, les *Ammonoïdes* ont disparu et les *Bélemnoïdes* deviennent de moins en moins abondants. Les *Lamellibranches* et les *Gastéropodes* jouent le rôle principal.

Au début de la période, les Foraminifères prédominent dans les régions marines. Ils édifient des assises calcaires qui, dans le bassin méditerranéen, jouent le même rôle que les *Diceras* et les *Rudistes* dans les temps secondaires.

Il faut signaler aussi comme caractère de l'ère tertiaire, le réveil de l'énergie interne en Europe. Des mouvements considérables poussent de l'Espagne aux Indes orientales une série de plis ; d'anciens territoires émergés s'effondrent, creusant de grandes fosses que la mer vient remplir. Les anciennes crevasses du globe se rouvrent, de nouvelles se creusent et, sur leurs parois, des émanations venues de l'intérieur déposent des matières diverses.

On divise les temps tertiaires en deux grands systèmes : 1° *éogène*, correspondant à une faune et à une distribution géographique très différentes de l'état de choses modernes ; 2° *néogène*, débutant par une transgression qui inaugure avec les plissements alpins les transformations donnant lieu à la flore et à la distribution géographique actuelles.

Le système éogène se divise en une série *éocène* et une série *oligocène ;* le système néogène se divise en une série *miocène* et une série *pliocène*.

CHAPITRE PREMIER

SYSTÈME ÉOGÈNE

I. — Série éocène.

Caractères de la période éocène. — Le mouvement d'émersion indiqué par la craie fait place, au début, à une transgression marine, mais celle-ci n'atteint pas les anciens rivages supracrétaciques. Les formations lacustres ou fluviales sont de plus en plus nombreuses vers le sud. Dans le bassin de la Méditerranée, on observe, sur de grandes étendues, des calcaires, à la formation desquels les organismes ont pris part. Les calcaires sont formés par des *Nummulites* et sont beaucoup moins purs que ceux qu'édifiaient, aux temps secondaires, les *Diceras* et les *Rudistes*.

Au commencement de la série éocène, le climat est tempéré, en Europe, et du 40e au 60e degré de latitude, la végétation terrestre varie fort peu. Mais tandis que la plus grande partie de l'Europe devient terre ferme, les régions méditerranéennes, entre l'Atlas et les Pyrénées d'une part, entre les Carpathes et le désert de Libye de l'autre, se creusent de sillons que comble la mer nummulitique. Cette mer chaude, qui s'étendait d'ailleurs jusqu'aux tropiques, exerce sur le climat européen une action très vive, tout le continent revêt un aspect tropical. Les Palmiers abondent dans le nord de la France et de l'Angleterre, et les arbres à feuilles caduques restent sur les hauteurs. Les régions voisines du pôle sont revêtues d'une végétation qui atteste une température moyenne supérieure de 20° à celle qu'on y observe aujourd'hui.

C'est aussi à cette époque que le soulèvement des Pyrénées et des Apennins a lieu, accompagné d'éruptions de roches serpentineuses. Dans le nord, ce sont des émissions sulfureuses et ferrugineuses qui viennent remplir les crevasses du sol.

Faune. — *Protozoaires.* — Les *Foraminifères* atteignent leur apogée, les *Imperforés* sont très nombreux (*Orbitolites, Alveolina, Biloculina, Triloculina*), les *Rotalidés* et les *Globigérinidés* sont plus rares. Parmi les *Perforés*, il faut signaler dans l'ordre d'importance les genres *Nummulites, Orthophragmina, Assilina, Operculina, Orbitoides.*

Spongiaires. — Ils appartiennent aux mêmes ordres que ceux de la série supracrétacique (*Dictyoninés*, *Lyssacinés*, *Lithistidés*, *Monactinellidés*).

Cœlentérés. — Les *Astræidés* dominent parmi les *Polypiers* (*Trochosmilia*, *Diploria*, *Rabdophyllia*, *Placosmilia*, *Turbinolia*, *Dendrophyllia*); les *Hydraires* et les *Alcyonnaires* sont plus rares.

Échinodermes. — Un certain nombre d'Échinodermes nouveaux apparaissent. Ce sont des *Atélostomes synastéridés* (*Echinolampas*, *Echinanthus*). Parmi les formes tétrabasales, on doit citer *Euspatangus*, *Spatangus*, *Linthia*, *Schizaster*. Certaines formes de *Glyphostomes* et de *Diplacidés* se continuent.

Les *Crinoïdes* sont représentés par les *Pentacrinacés*, les *Astéroïdes* conservent leur importance et l'on rencontre parfois des spicules que l'on rapporte à des Holothurides (*Chirodota*, *Synapta*, *Theelia*).

Vers Lophostomés. — Les *Brachiopodes* sont en décadence complète, les espèces tertiaires se sont maintenues jusqu'à nos jours (*Lingula*, *Discina*, *Crania*, *Thecidium*, *Magellania*).

Les *Bryozoaires* sont abondamment représentés par des *Cheilostomes* (*Lunulites*).

Mollusques. — Les *Gastéropodes* sont extrêmement nombreux (*Cerithium*, *Potamides*, *Melania*, *Voluta*, *Fusus*, *Turritella*, *Oliva*, *Ancillaria*, *Conus*, *Pleurotoma*, *Nerita*, *Terebellum*, *Cassis*, etc.).

Chez les *Lamellibranches*, la prépondérance appartient désormais aux *Sinupalléaux* (*Cardita*, *Venericardia*, *Cardium*, *Lithocardium*, *Cytherea*, *Lucina*, *Fimbria*). Les genres *Ostrea*, *Anomia*, *Crassatella*, *Corbulomya*, sont encore nombreux.

Les *Ammonoïdes* ont disparu, à l'exception du genre *Nautilus* qui persiste jusqu'à l'ère actuelle. Les *Tétrabranchiaux* ne sont représentés que par *Belosepia*, *Beloptera*, *Spirulirosta*, *Bayanoteuthis*.

Articulés. — Parmi les *Articulés*, les Crustacés sont assez fréquents (*Portunus*, *Ranina*, *Xanthopsis*).

Vertébrés. — Parmi les *Poissons*, les *Ganoïdes* sont rares (*Lepidosteus*), les plus communs sont des *Raies*, des *Chimères*, surtout des *Squales* (*Oxyrhina*, *Otodus*, *Lamna*).

Parmi les *Batraciens*, les *Salamandrines* et les *Anoumes* se montrent.

Dans les *Reptiles*, on ne trouve ni *Dinosauriens*, ni *Ptérosauriens*, la prépondérance est aux *Chéloniens* et aux *Crocodiliens* (*Gavialis*, *Alligator*).

Les *Oiseaux* sont représentés par des types voisins des types actuels et par de grands *Ratites* (*Gastornis*, *Eupterornis*). Les *Rapaces*, les *Passereaux*, les *Longipennes*, sont représentés.

Les Mammifères de la série éocène sont très nombreux. Les *Allothériens* sont représentés par les genres *Neoplagiaulax*, *Liotomus*, *Chirox et Polymastodon*, spéciaux à l'Amérique; les *Métathériens* par des *Polyprotodontes* de la famille des *Didelphyidés* (*Microbiotherium*, *Stilotherium*). La sous-classe des *Euthériens* est largement représentée par des *Insectivores* (*Ictops*, *Adapisorex*, *Talpavus*); des *Créodontes* (*Mesonyx*, *Hyænodon*, *Arctocyon*, *Cynohyænodon*, *Micclænus*, *Triisodon*, *Stypolophus*, *Proviverra*, *Palæonictis*, *Dissacus*, *Pachyæna*, *Pterodon*, *Oxyæna*, *Miacis*, *Didymictis*); des *Tillodontes* (*Tillotherium*, *Platychærops Esthonyx*), des *Condylarthres* (*Periptychus*, *Phenacodus*), des *Périssodactyles* (*Hyracotherium*, *Eohippus*, *Pachynolophus*, *Propalæotherium*, *Epihippus*, *Lophiodon*), des Artiodactyles assez rares (*Pantolestes*, *Anthracotherium*, *Hyopotamus*, *Anoplotherium*, *Dichobune*), des *Amblypodes* (*Pantolambda*, *Coryphodon*, *Dinoceras*, *Loxolophodon*) et des *Lémuriens* (*Pelycodus*, *Microchærus*, *Protodapis*, *Plesiadapis*, *Hyopsodus*, *Adapis*).

Flore. — Le début de la période éocène a été

marqué par une végétation étroitement liée à la flore supracrétacique. Les genres qui dominent sont *Laurus*, *Sassafras*, *Cinnamomum* et des Fougères du genre *Osmunda*. Après l'établissement de la mer nummulitique les végétaux qui prospèrent, en Europe, sont ceux de la faune tropicale, *Nidapitis*, *Phœnix*, *Flabellaria*, *Acacia*, *Dracæna*, *Cercis*.

Les Algues sont très répandues dans les eaux de la mer (*Chondrites*, *Dactylopora*, *Lithothamnium*).

Divisions en étages. — La série éocène se divise en six étages qui se succèdent ainsi : *thanétien*, *sparnacien*, *yprésien*, *lutétien*, *bartonien*, *ludien*.

Ces six divisions ne sont rigoureusement applicables qu'au bassin de Paris. Mais dans le bassin méditerranéen, la série éocène affecte un caractère plus uniforme (*terrain nummulitique* des premiers géologues). La distinction des trois premiers étages est, en particulier, impossible.

Bassin anglo-parisien. — Étage thanétien. — Au début de la période éocène, la mer a déposé jusqu'au centre du bassin de Paris, des sables fins glauconieux, de couleur claire et mêlés d'argile. Sur les rives de la Tamise, ces sables reposent sur la craie, dont ils ne sont séparés que par une couche de silex. Leur faune, entièrement marine, se compose de *Fusus tuberosus*, *Nucula thanetiana*, *Corbula regulbensis*, *Cyprina planata*, *Ostrea bellovacina* et de débris de Squales.

Les sables glauconieux se sont étendus en France, sur la Picardie et une partie de la Normandie. Lorsqu'ils ont disparu sous l'action des érosions, on retrouve à la surface des plateaux, la couche de silex qui les sépare de la craie. Cette couche est caractérisée par l'enduit vert noir qui la recouvre.

Aux environs de Valenciennes, le sable thanétien

est aggloméré en un tuffeau très dur, caractérisé par *Cyprina planata*.

Dans l'Aisne, l'étage est représenté par la glauconie inférieure ou *glauconie de la Fère*, sable fin, argileux, moucheté de glauconie. La glauconie de la Fère est directement superposée à la craie. On y a découvert les débris d'un Créodonte, *Arctocyon primævus*.

Près de Beauvais, à Bracheux, on voit, au-dessus d'un cordon de silex à enduit vert, une assise de sables glauconieux. Ce sont les *sables de Bracheux*, caractérisés par *Cucullæa crassatina*, *Ostrea bellovacina*, *Cyprina planata*, *Crassatella sulcata*, *Voluta depressa*, *Lucina contorta*, *Pectunculus terebratularis*, *Cardita pectuncularis*. Ces sables se retrouvent en plusieurs points de la région, notamment à Noailles et à Allecourt.

Sur le flanc de la montagne de Reims, on voit, au-dessus de la craie, une marne avec cailloux noirs. Au-dessus, on observe des grès gris jaunâtre remplis d'empreintes végétales et de trous perforés par des Lamellibranches. Plus haut viennent les sables silico-calcaires de Chalons-sur-Vesles contenant : *Ostrea bellovacina*, *O. eversa*, *Cyprina lunulata*, *Corbula regulbensis*, *Cardium Edwardsi*, *Voluta depressa*.

Ces sables sont surmontés par les *sables de Rilly* blancs ou roses et séparés des précédents par un agglomérat de sables ferrugineux.

Au-dessus des sables de Rilly apparaissent les *sables* et *calcaires de Rilly*, formation d'eau douce, caractérisée par *Physa gigantea*, *Paludina aspersa*, *Cyclostoma Arnouldi*, *Helix Arnouldi*, *H. hemispherica*, *Cyclas rillyensis*.

Plus au sud, les sables marins ne se trouvent plus, et l'on ne rencontre que des formations d'eau douce. Tel est le *travertin de Sézanne*, tuf calcaire très riche en empreintes végétales. Les couches en sont concrétionnées, remplies de tubulures et de cavités sinueuses, tout semble indiquer l'emplacement d'une cascade. Parmi les végétaux, on a reconnu des *Lauriers*, des *Noyers*, des *Magnolias*, des *Fougères*, des *Characés*, des *Marchantia*, une *Vigne* et un *Lierre*. On a pu reconstituer, par moulage des cavités du travertin, des fleurs avec leurs étamines, des Insectes, des Crustacés.

Autour de Paris, l'étage thanétien est représenté par les *marnes de Meudon*, dites *marnes strontianifères*, bien que la présence de la strontiane y soit contestée. La partie tout à fait inférieure des marnes contient *Cerithium marginatum*, *C. maudunense* et autres fossiles de la faune du calcaire de Mons. La partie supérieure renferme les fossiles du calcaire de Rilly, *Helix hemispherica*, *Cyclas rillyensis*, *Paludina aspersa*.

Étage sparnacien. — Cet étage est caractérisé par un régime de lagunes et d'estuaires où se sont déposés des argiles et des lignites. Dans le bassin de Londres, la succession des dépôts est très variée.

A la base, au-dessus des sables de Thanet, s'observe une succession de lits d'argiles, de galets siliceux et de sable. Le faune comprend des Poissons (*Lamna*, *Lepidotus*), un Amblypode (*Coryphodon*), un Oiseau struthioniforme (*Gastornis*), des Mollusques marins, *Ostrea bellovacina*, *Melania inquinata*, *Cerithium variabile*, *Cyrena cuneiformis*, des Mollusques d'eau douce, *Unio parallela*, *Paludina lenta*, *Planorbis lævigatus*; et des plantes terrestres, *Ficus*, *Laurus*, *Dryandroides*, *Robinia*, *Grevillia*. Cet ensemble est désigné sous le nom de *couches de Woolvich et de Reading*.

Elles sont surmontées par les *sables d'Oldhaven* peu épais, mais très constants, on y trouve les fossiles de l'assise précédente et ceux de l'*yprésien* inférieur.

En France, les dépôts sparnaciens se sont effectués dans une dépression couverte aujourd'hui par la Manche. Ils ne subsistent sur le littoral qu'à Saint-Just près de Montreuil-sur-Mer et à Varangeville près de Dieppe. On observe des sables, des grès et des poudingues intercalés entre deux couches d'argile plastique, dont les fossiles sont ceux de Woolwich, *Melania inquinata*, *Cyrena cuneiformis*, *Ostrea bellovacina*.

Dans le Soissonnais, au-dessous de la glauconie de la Fère, se trouve une argile plastique gypsifère et pyriteuse surmontée par des lignites. A la partie supérieure, on observe, par places, un calcaire lacustre marneux, et des glaises à *Cyrena cuneiformis*, *Cerithium variabile*, et *Ostrea bellovacina*.

A Cernay, non loin de Reims, le sable de Rilly supporte un conglomérat subordonné à une marne à rognons calcaires. L'ensemble du conglomérat et de la marne (marne de Cernay, conglomérat de Cernay) renferme une riche faune de Mammifères : *Neoplagiaulax*, *Arctocyon*, *Protoadapis*, *Plesioadapis*, *Pleuraspidotherium* ; des Oiseaux (*Gastornis*, *Eupterornis*) et des Reptiles (*Trionyx*, *Emys*, *Simædosaurus*). La marne supporte des argiles à lignites contenant *Melania inquinata*, *Cerithium turris*, *C. variabile*, *C. funatum*, *Cyrena cuneiformis*. Ces argiles sont, par places, entremêlées de sables à débris de Mammifères (*Plesiadapis*, *Hynodictis*, *Lophiodon*, *Proviverra*).

Près d'Épernay, on rencontre à la base des lignites, une marne blanche et un calcaire lacustre à *Physa columnaris* accompagné de marnes à graines de *Chara*. Au-dessus, viennent les *sables à lignites*, remplis de Cyrènes et de Cérithes, et tout est couronné, à Cuise-la-Motte (fig. 23), et à Ay de sables quartzeux fins entremêlés d'argile grise à *Teredina personata* et à *Unio truncatosa*.

Autour de Paris, les dépôts sparnaciens accusent

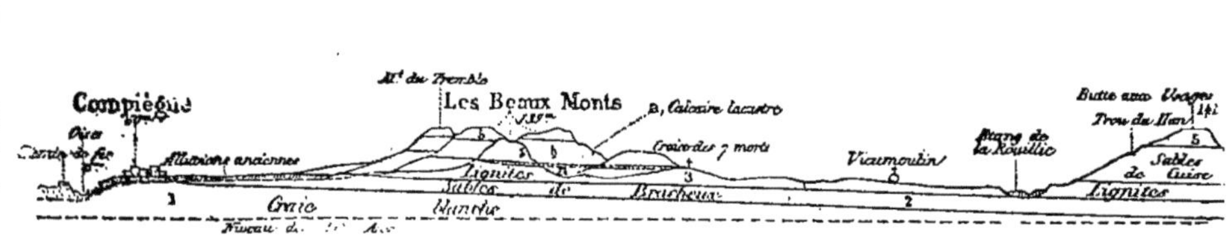

Fig. 23. — Coupe de Compiègne à Cuise-la-Motte, montrant l'éocène inférieur. (Réunion extraordinaire de la Société géologique de France, 1878.(

des formations d'eau douce. Le dépôt d'argile plastique présente une épaisseur très variable. La base en est un conglomérat ossifère dit *conglomérat de Meudon*, avec débris de Crocodiles, de Tortues, de *Gastornis* et de *Coryphodon*, mêlés à des Paludines, des *Cyclas* et des Anodontes ; vient ensuite une argile feuilletée gypsifère et lignitifère, qui contient *Physa Heberti, Paludina lenta, Unio antiqua, Anodonta Cuvieri*. Au-dessus, l'argile est schisteuse et contient des empreintes de végétaux.

A Vaugirard, les couches de lignite ont fourni de l'ambre et des Mollusques d'eau douce : *Paludina suessionensis* et *Physa Heberti*. Le lignite supporte des glaises rouges et grises, que surmonte la véritable argile plastique. Celle-ci se divise en *glaises* et *fausses glaises* séparées par un sable quartzeux fin dit *sable d'Auteuil*. A Conflans et à Saint-Germain, les argiles plastiques sont surmontées par une couche fluvio-marine à *Cerithium funatum*, *Ostrea bellovacina* et *Cyrena antiqua*.

Étage yprésien. — En Angleterre, un régime marin a succédé au régime fluvio-marin de Woolvich et d'Oldhaven. Ce régime a été marqué par le dépôt du *London clay* ou *argile de Londres*. C'est, à la base, une couche de sables avec galets agglomérés par un ciment calcaire, puis une argile avec concrétions calcaires. On y trouve des *Céphalopodes* (*Nautilus ellipticus*, *Belosepia sepioidea*), des *Gastéropodes* (*Rostellaria ampla*, *Fusus regularis*), des *Échinides* (*Hemiaster Bowerbanki*), des *Foraminifères*, des *Poissons*, des *Oiseaux* (*Lithornis*, *Halcyornis*), des *Reptiles* (*Emys*, *Trionyx*, *Chelone*), des *Mammifères* (*Coryphodon*, *Didelphys*, *Hyracotherium*). Dans l'île de Wight, au milieu d'une argile feuilletée supérieure au London clay se trouve une flore subtropicale très nette dite flore d'Alumbay.

En Belgique, l'yprésien est remarquable par son faciès marin et nummulitique. L'argile d'Ypres ne contient que des Foraminifères et des Crustacés, les sables micacés de Mons-en-Puelle renferment en abondance *Nummulites planulata*.

Dans le Soissonnais, l'yprésien est caractérisé par les *sables nummulitiques*, très épais dans la vallée de l'Aisne, et dont le fossile typique est *Nummulites planulata*. On distingue, dans les sables du Soissonnais, deux horizons : 1° l'horizon d'Aizy à *Natica splendida*, *Turritella edita*, *T. hybrida*, *Pectunculus ovatus*, *Rostellaria Geffroyi*, *Cerithium gibbolusum*; 2° l'horizon de Cuise-la-Motte, à *Cerithium papale*, *C. detritum*, *C. acutum*, *Cyrena Gravesi*, *Nummulites planulata*, *Neritina tricarinata*, *Melanopsis Parkinsoni*, *Nerita Schmideliana*, *Melania vulcanica* (fig. 23).

La dernière assise de l'étage yprésien est un banc de grès dur, exploité à Belleu près de Soissons. Il renferme de nombreuses empreintes de *Cinnamomum formosum*, de *Populus suessionensis*, *Ficus*, *Salix*; la flore en est très analogue à celle d'Alumbay.

Étage lutétien. — Le faciès marin s'accuse davantage encore avec l'étage lutétien.

Dans le bassin de Londres, les sables inférieurs de Bagshot contenant *Cardita planicosta* et *Ostrea flabellula* sont synchroniques du lutétien inférieur.

Les couches de Bracklesham, dans le Hampshire, renferment des marnes, des sables, des lignites qui contiennent *Nummulites lævigata* et *Cerithium giganteum*, et les couches de Bournemouth contiennent une flore terrestre tropicale analogue à celle des environs de Paris.

L'étage lutétien, dans le bassin de Paris, est connu sous le nom de *calcaire grossier*; il comprend trois subdivisions (fig. 24) :

L'inférieure, qui occupe la plus petite surface, est

caractérisée par *Cardita planicosta*, *Turritella terebellata* et *Nummulites lævigata*.

La division moyenne comprend les couches à *Miliolites* et à *Cerithium giganteum*, elle repose parfois sur le sparnacien, d'autres fois sur les sables de

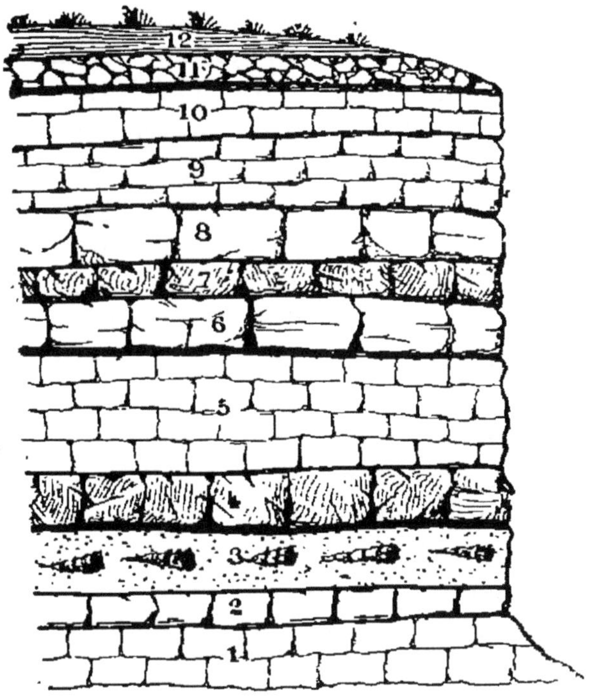

Fig. 24. — Coupe générale du calcaire grossier. — 1, banc à *Nummulites lævigata ;* 2, pierre de Saint-Leu ; 3, banc à *Cerithium giganteum ;* 4, vergelés ou lambourdes ; 5, banc royal ; 6, Saint-Nom ; 7, banc vert ; 8, cliquart ; 9, banc franc ; 10, roche de Paris ; 11, caillasses ; 12, terre végétale.

Cuise ; cette division est plus étendue que la précédente.

La division supérieure débute par un dépôt lacustre, le *banc vert*, et finit par des couches saumâtres ou *caillasses*.

A Paris, une glauconie grossière, sorte de poudingue calcaire, à grains noirs ou verts, forme la base de l'assise inférieure. Le poudingue est remplacé, dans le Soissonnais, par un sable souvent aggloméré et une pierre dite *pierre à liards*, à cause de l'abondance des *Nummulites lævigata* et *N. numismalis*. A Paris, au-dessus du poudingue, vient un calcaire glauconieux rempli de moules de coquilles (*Cardita planicosta*, *Cardium porulosum*, *Corbis lamellosa*); c'est le *banc Saint-Jacques* des carriers.

A Chaumont-en-Vexin, l'assise inférieure renferme encore *Nummulites planulata*. A Grignon et à Villiers-Neauphle, il n'y a plus de nummulites et l'assise est sableuse. Elle contient une grande quantité de *Cerithium*, *C. angulosum*, *C. echidnoides*, *C. cristatum*.

Au-dessus du banc à Nummulites, vient le *banc Saint-Leu* très développé aux environs de Creil. A Liancourt, cet horizon est composé de bancs à *Fimbria lamellosa* et *Lucina gigantea*. A Pont-Sainte-Maxence, le calcaire se transforme par places en sables dolomitiques dans lesquels on recueille *Nautilus Lamarcki*.

La division inférieure du lutétien se termine par le *banc à vérins*, remarquable par l'abondance de *Cerithium giganteum*. C'est un calcaire dur, glauconieux, contenant *Crassatella tumida*, *Turritella imbricataria*, *T. carinifera*, et des Échinides des genres *Echinolampas*, *Echinanthus*, *Pygorhynchus*. Le banc à vérins se termine par un horizon à *Cerithium serratum*. Le calcaire à *Cerithium giganteum* est sableux à Grignon, à Parnes, à Chaussy.

La division moyenne du lutétien forme une masse glauconieuse fournissant du sable ou de la pierre, suivant les localités. A sa base, elle contient beaucoup de dents de *Squales* (*Lamna Carcharodon*, *Otodus*) et un grand nombre d'Échinides (*Cassidulus*, *Hemiaster*, *Macropneustes*, *Scutellaria*, *Pygorhynchus*, *Echinocyamus*). En Champagne, c'est un sable calcaire, marneux (*falun*), contenant à Damery et à Fleury-la-Rivière, des gisements fossilifères à *C. giganteum* et *Crassatella plumbea*.

En général, le calcaire à miliolites forme des bancs peu épais dits *vergelés* ou *lambourdes*; à sa partie supérieure, il forme le *banc royal* à *Cerithium lamellosum, Fusus Noe, Orbitolites complanata*. Le calcaire à miliolites renferme une profusion de petits Foraminifères (*Orbitophragmina, Triloculina*) et des Algues calcaires, indice d'un dépôt d'eau peu profonde et chaude.

Le lutétien supérieur est, à sa base, formé par un lit d'eau douce, le *banc vert*, intercalé entre deux lits saumâtres, la *pierre Saint-Nom* et le *cliquart*, qui ont une faune identique : *Turritella fasciata, Cerithium interruptum, C. angulosum, C. denticulatum*. Le banc vert est marneux et repose, parfois, sur une argile verte à lignites avec restes de *Poissons* et de *Lophiodon*. Sa couche supérieure renferme des Limnées, des Paludines et *Cyclostoma mumia*. Cet horizon a fourni à Paris même une flore essentiellement tropicale.

Il est probable qu'à l'époque du banc vert une émersion générale du bassin de Paris s'est produite, et qu'à la suite les dépôts ont été alternativement d'eau douce ou d'estuaire. Aux premiers appartiennent la roche de Paris, aux seconds les *bancs francs* à *Cerithium cristatum, C. angulosum, C. denticulatum, C. lapidum, Lucina saxorum, Natica mutabilis*.

Le calcaire grossier se termine par des lits alternatifs de marnes magnésiennes, de calcaires compacts et de couches siliceuses nommées *caillasses*. Celles qui renferment des fossiles sont dites *rochettes* ou *caillasses coquillières*. On y trouve *Cerithium lapidum, C. echidnoides, C. cristatum, Anomia tenuistriata, Corbula anatina*.

Les caillasses sans coquilles sont des calcaires compacts, des sables siliceux ou calcaires, des marnes, des lits de silex ou des calcaires crayeux (*tripoli de Nanterre*). Les caillasses sont riches en gypse translucide, au nord de Paris. Ce gypse atteste l'évaporation des lagunes.

L'étage lutétien se rencontre en dépôts d'eau douce dans l'Aisne; dans la Marne, à Damery et dans l'Aube à Saint-Parres la faune renferme *Bythinia Deschiensi*, *Paludina novigentiensis*, *Planorbis Leymerici* et des restes de *Lophiodon*.

Étage bartonien. — Le type du bartonien est l'*argile de Barton* dans le Hampshire. C'est un ensemble d'argiles et de lits sableux. Les *Nummulites* (*N. Prestwichiana*, *N. variolaria*) ne s'y trouvent qu'à la base. On y rencontre encore *Fusus minax*, *Arca duplicata*, *Voluta athleta*. La flore renferme des Palmiers, des Figuiers, des Lauriers.

Autour de Londres, le bartonien est représenté par la partie supérieure des *sables de Bagshot*.

Dans l'île de Wight, l'argile de Barton est surmontée par les assises de Headon, dont la base offre une faune d'eau douce, la partie moyenne une faune marine ou fluvio-marine à *Cerithium concavum* et *Murex sexdentatus*, et la partie supérieure une faune lacustre à *Limnea longiscata*, *Cyrena obovata*.

Beaucoup d'auteurs attribuent ces assises à la série oligocène.

Dans le bassin parisien, le début du bartonien est marqué par un retour de la mer qui a porté sur les caillasses lutétiennes des sables, dont la faune est assez variable pour qu'on y distingue trois horizons : celui d'Auvers, celui de Beauchamp et celui de Mortefontaine.

Horizon d'Auvers. — L'horizon d'Auvers contient un grand nombre de fossiles roulés, des polypiers, des galets siliceux et des fragments de calcaires perforés par des Mollusques lithophages. Les principaux

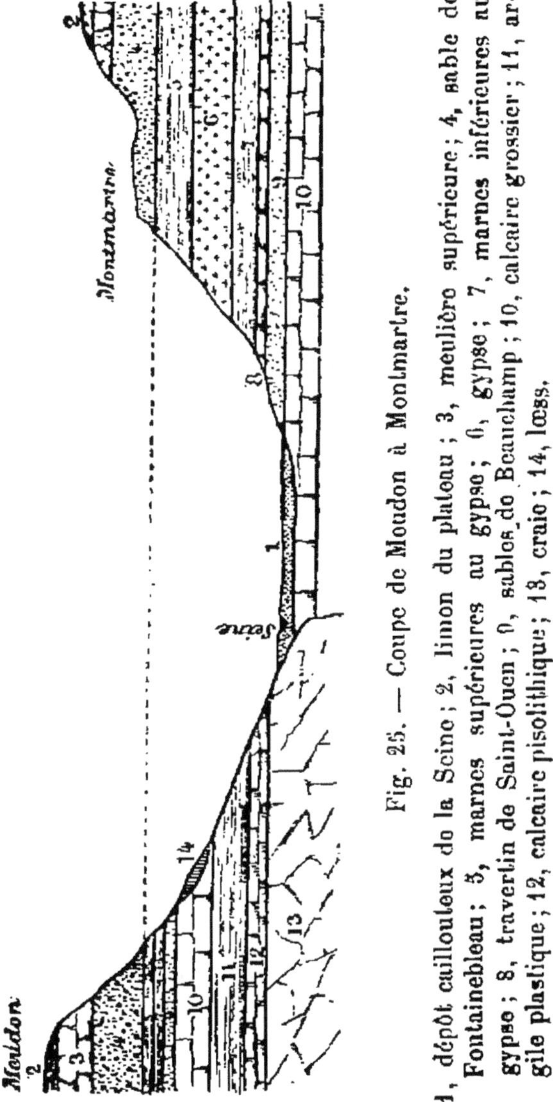

Fig. 25. — Coupe de Meudon à Montmartre.

1, dépôt caillouteux de la Seine ; 2, limon du plateau ; 3, meulière supérieure ; 4, sable de Fontainebleau ; 5, marnes supérieures au gypse ; 6, gypse ; 7, marnes inférieures au gypse ; 8, travertin de Saint-Ouen ; 9, sables de Beauchamp ; 10, calcaire grossier ; 11, argile plastique ; 12, calcaire pisolithique ; 13, craie ; 14, lœss.

types sont : *Nummulites variolaria*, *Cerithium trochiforme*, *Fusus minax*, *Turritella sulcifera*, *Cardium obliquum*, *Turritella Heberti*.

Horizon de Beauchamp. — L'horizon de Beauchamp est un sable blanc avec grès à pavés dont la faune est très riche : *Ostrea cucullaris*, *Melania lactea*, *M. hordacea*, *Cerithium mutabile*, *C. tuberculosum*, *C. Bouei*, *C. mixtum*, *Cyrena deperdita*, *Lucina saxorum*, *Cytherea elegans* (fig. 25). L'horizon à *Melania hordacea* contient des Limnées et supporte un calcaire lacustre (calcaire de Ducy à *Cytherea elegans*, *Limnea arenularia*, *Nystia microstoma*).

Horizon de Mortefontaine. — Le calcaire de Ducy est surmonté par les sables de Mortefontaine, qui sont, à Beauchamp, remplacés par un calcaire gréseux. La faune des sables est très riche. Elle contient *Cerithium Cordieri*, *C. pleurotomoides*, *C. tricarinatum*, *Fusus subcarinatus*, *F. polygonus*, *Avicula Defrancei*.

Après le dépôt des sables marins de Mortefontaine, un régime lacustre s'est établi, et a déposé le calcaire de Saint-Ouen, ensemble de calcaires marneux et durs, de marnes et de silex, saumâtres à la base, où l'on trouve *Paludestrina pusilla*, lacustres au sommet, où l'on peut recueillir *Limnea longiscata*, *Planorbis goniobasis*, *Cyclostoma mumia*. A Damery, les couches lacustres sont en continuité avec le lutétien supérieur.

Étage ludien. — En Angleterre, l'étage ludien n'est représenté que par la partie inférieure des assises de Bembridge, assises lacustres qui renferment des Limnées, des Paludines, des Planorbes et des débris d'*Anoplotherium* et de *Palæotherium*.

Dans le bassin de Paris, l'époque ludienne est une époque de lagunes dans lesquelles la mer s'évaporait et déposait du gypse avec du sel marin, que les eaux pluviales ont dissous plus tard, et dont on retrouve, cependant, dans les marnes les trémies caractéristiques.

L'assise du gypse est formée de neuf horizons.

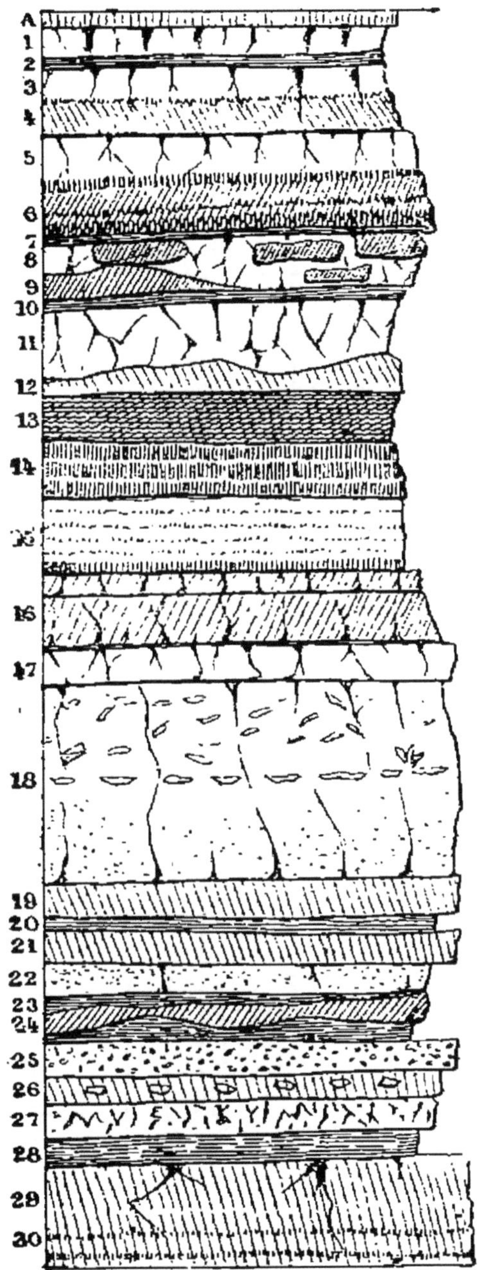

Fig. 26. — Coupe de la troisième masse du gypse à Montmartre (alternance de marnes et de gypse).

1, 2, 3, marne ; 4, 5, 6, gypse7, marne ; 8, gypse ; 9, 10, 11, marne ; 12, 13, 14, 15, gypse ; 16,marne ; 17, gypse ; 18, marne ; 19, gypse ; 20, marne ; 21, gypse ; 22, 23 et 24, marne ; 25, calcaire grossier dur ; 26, gypse ; 27, calcaire grossier tendre (souchet) ; 28, marne ; 29, 30, gypse ; 31, marne blanche.

A la base, sont les *sables* et *grès d'Argenteuil* à *Lucina saxorum*, *Mytilus Biochei*, *Cerithium Cordieri*, *C. tricarinatum*, *C. concavum*. Cette couche est cou-

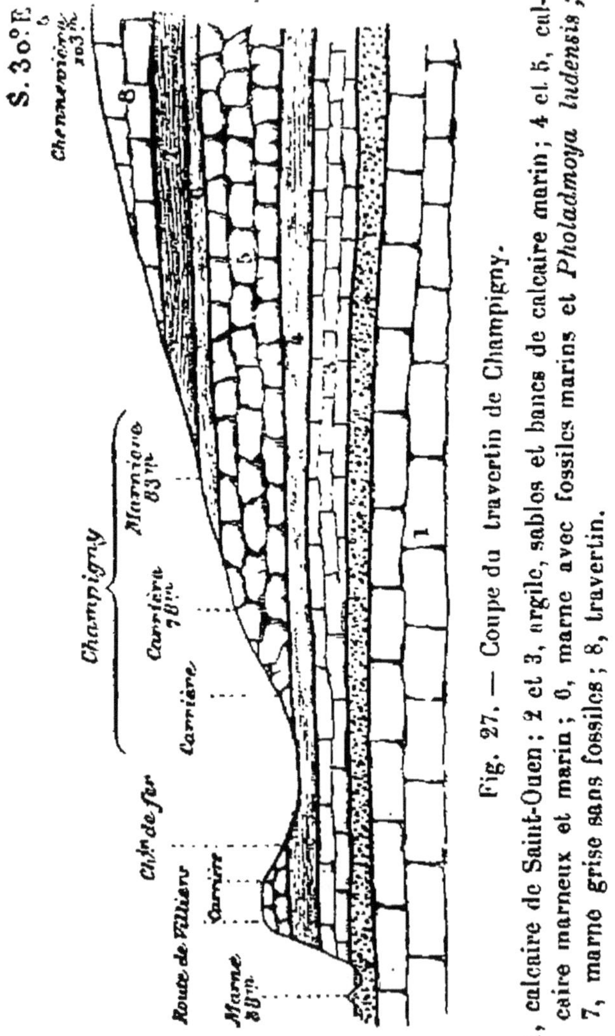

Fig. 27. — Coupe du travertin de Champigny.

1, calcaire de Saint-Ouen ; 2 et 3, argile, sables et bancs de calcaire marin ; 4 et 5, calcaire marneux et marin ; 6, marne avec fossiles marins et *Pholadmoya ludensis* ; 7, marne grise sans fossiles ; 8, travertin.

ronnée par un calcaire lacustre visible à Noisy-le-Sec.

Au-dessus, commence le gypse, par la *quatrième masse*, qui est d'ailleurs la moins constante. A Argenteuil, la masse de gypse est surmontée par une marne marine à *Phaladomya ludensis*, *Macropneustes Prevosti*, *Cerithium tricarinatum* et *Cardium granulosum*.

Puis vient la *troisième masse* (fig. 26) *du gypse*, surmontée d'une marne à *Lucina inornata*.

Ensuite la *seconde masse du gypse*, mélangée avec une marne à *Cerithium pleurotomoides* et *C. tricarinatum*.

La marne qui vient au-dessus renferme du gypse en fer de lance, elle est surmontée d'une marne à silex ménilite.

Enfin on arrive à la *haute masse* ou *première masse de gypse*. C'est dans cette dernière que se trouve à Montmartre, le gisement de Mammifères, *Xiphodon*, *Palæotherium*, *Anoplotherium* décrits par Cuvier. La régularité des assises du gypse (*hauts piliers*) atteste une précipitation du gypse, et non une transformation d'un calcaire.

A Champigny (fig. 27), l'assise du gypse subit une transformation qui l'amène à l'état de travertin. Ce travertin, exploité comme pierre à chaux, est traversé par des veines de calcédoine. Il est superposé aux marnes à *Pholadomya ludensis*. On l'identifie avec deux masses supérieures du gypse.

Ce faciès calcaire se prolonge au sud et à l'est de Paris.

Le calcaire se montre à Montereau, et à Fontainebleau superposé aux marnes avec fossiles du calcaire de Saint-Ouen.

Dans la Marne, à Ludes, le gypse est représenté par des marnes à *Pholadomya ludensis*.

Assises éocènes du bassin anglo-parisien.

	Bassin de Paris.	*Angleterre.*
LUDIEN.......	Assises gypseuses. Calcaire de Champigny. Marnes de Ludes. Sables d'Argenteuil.	Calcaire de Bembridge. Couches d'Osborne et de Headon.
BARTONIEN....	Calcaire de Saint-Ouen. Sables de Mortefontaine. Calcaire de Ducy. Sables de Beauchamp. Sables d'Auvers.	Argile de Barton. Sables supérieurs de Bagshot.
LUTÉTIEN.....	Caillasses. Couche de Saint-Parres. Banc vert. Calcaire à miliolites. Calcaire à *Cerithium giganteum*. Calcaire nummulitique.	Assises de Bracklesham. Assises de Bournemouth. Sables inférieurs de Bagshot.
YPRÉSIEN.....	Grès de Belleu. Sables de Cuise. Sables d'Aizy.	Couches d'Alum-bay, London clay.
SPARNACIEN ...	Sables de Cuise. Lignites. Argile plastique.	Couche d'Oldhaven. Couches de Woolvich et de Reading.
THANÉTIEN.....	Calcaire de Rilly. Travertin de Sézanne. Sables de Rilly et de Chalons-sur-Vesles. Sables de Bracheux. Glauconie de la Fère. Marne de Meudon.	Sables de Thanet.

Pyrénées et Alpes. — Dans la région des Pyrénées-Occidentales, les dépôts sont caractérisés d'abord par des *Miliolites*, puis par des *Alvéolines*, et plus tard par des *Nummulites*. Le régime de dépôts à *Foraminifères* s'étend jusqu'au nord de Bordeaux, où des sondages ont révélé l'existence d'une riche faune nummulitique dans le bartonien, le lutétien et l'yprésien.

Dans les Basses-Pyrénées, au-dessus des affleurements du danien, l'éocène inférieur est représenté par des conglomérats, des calcaires et des marnes, dans lesquels on trouve les Foraminifères suivants: *Nummulites spileccensis*, *Operculina Heberti*, puis des espèces appartenant aux genres *Liptothamnium*, *Amphistegina*, *Alveolina*.

A Biarritz, l'éocène n'est visible qu'à partir du bartonien. On observe des marnes et des argiles caractérisées par *Serpula spirulæa*. La faune en est très riche, on y trouve de nombreux *Échinides : Echinanthus sopitianus*, *Schizaster Leymeriei*, *Salenia Pellati*, *Echinolampas biarritzensis*, *E. ellipsoidalis*, *Macropneustes Pellati*. Les *Nummulites* sont très abondantes, ce sont : *Nummulites lævigata*, *N. Lamarcki*, *N. Guettardi*, *N. biarritzensis*, *N. perforata*, *N. lucasana*, *N. variolaria*, *N. exponens*, *N. irregularis*. Les quatre premières espèces sont du lutétien inférieur.

L'assise de Biarritz à *Serpula* est surmontée par des grès à *Operculina*, dans lesquelles on trouve : *Nummulites intermedia*, *Echinolampas subsimilis*, *Eupatagus ornatus*, *Operculina ammonæa*, *Schizaster vicinalis*, *S. rimosus*.

Dans la Haute-Garonne et dans l'Ariège, des calcaires blancs à Miliolites surmontent le danien de la région (*faciès garumnien*), puis viennent des calcaires compacts et des calcaires marneux à *Alveolina subpyrenaica;* enfin un calcaire rougeâtre à *Operculina granulosa*, *Nummulites globulus* et *N. Leymeriei*. Vers l'ouest, les assises nummulitiques sont recouvertes par un poudingue dit *poudingue de*

Palassou, dont la stratification très confuse montre un soulèvement considérable de la région. Il offre, dans la Haute-Garonne, des calcaires d'eau douce à ossements de *Mammifères*. Dans l'Ariège, le poudingue recouvre des bancs de calcaire à *Planorbis planulatus* et *Cyclostoma formosum*. Dans les Corbières, les poudingues renferment des couches à *Palæotherium*, ce qui semble indiquer l'équivalence avec le gypse du bassin de Paris.

Dans cette région, le terrain à Nummulites est séparé du garumnien par un calcaire d'eau douce à *Physa prisca*, et couvert par l'éocène marin.

Celui-ci commence par des calcaires à *Miliolites*, puis par des calcaires à *Alveolina*, supportant des marnes à *Operculina granulosa*, subordonnées à des calcaires marneux à *Nummulites globulus* et *N. atavica*. Ceux-ci sont recouverts par des grès et par le poudingue de Palassou.

Le calcaire à *Physa*, regardé parfois comme équivalent au calcaire de Rilly, supporte, dans la montagne Noire, le calcaire à *Alveolina* et *Nummulites Ramondi*.

Sur les couches à *Nummulites* repose un grès parfois lignitifère à *Planorbis pseudo-ammonius* (*grès de Carcassonne*). Ce grès renferme des débris de Mammifères, et est couronné par le grès de Mas-Saintes-Puelles, correspondant au gypse.

En Provence, on ne trouve pas le terrain nummulitique. L'émersion qui a signalé la fin de la période supracrétacique s'est accentuée.

A partir des Alpes-Maritimes, les couches nummulitiques réapparaissent et se retrouvent plus ou moins morcelées jusqu'à l'extrémité de la grande chaîne européenne. Le terrain nummulitique est formé de calcaires à Nummulites et d'un ensemble assez complexe de schistes et de grès schisteux superposés aux assises à Nummulites. On lui a donné le nom de *flysch*.

Les calcaires, durs et cristallins, souvent formés par une accumulation de Foraminifères, peuvent être remplacés par du grès ou des marnes. L'ensemble correspond au bartonien, au lutétien et à une partie du ludien ; aucune assise ne représente l'éocène inférieur.

Les espèces de Nummulites qui abondent dans les Alpes sont : *Nummulites perforata*, *N. lucasana*, *N. exponens*, *N. striata*, *N. biarritzensis*, *N. complanata*, *N. contorta*.

Aquitaine. — La plus ancienne assise éocène du bassin de la Gironde est un sable argileux que des sondages ont fait découvrir aux environs de Bordeaux. Il renferme *Nummulites spira*, *N. perforata*, *N. lucasana*. Ensuite vient le calcaire de Blaye, quartzeux à la base et contenant des *Miliolites* et *Echinolampas stelliferus*. L'assise supérieure renferme *Cerithium angulosum*, *Corbis lamellosa*, *Echinolampas girondicus*. Au-dessus du calcaire de Blaye, se trouve une argile à *Nummulites variolaria* et *Ostrea cucullaris* ; puis vient un calcaire tantôt lacustre à *Limnea longiscata* et *Planorbis*, tantôt saumâtre à *Cerithium interruptum* et *C. perditum*.

Au gypse du bassin de Paris correspondrait le *calcaire de Saint-Estèphe* dont la faune marine renferme avec *Echinolampas ovalis*, des *Miliolites*, et des fossiles voisins de ceux du calcaire grossier. Ce calcaire est placé, par certains auteurs, sur le même horizon que des argiles bariolées qui font le passage de l'éocène à l'oligocène.

II. — Série oligocène.

Caractères de la série oligocène. — La série oligocène débute, dans l'Europe septentrionale, par une invasion de la mer qui s'avance par des golfes profonds jusqu'au centre de l'Europe.

En France, elle atteint le Gâtinais. La vallée du Rhin se creuse entre les Vosges et la Forêt-Noire; et la mer pénètre jusqu'en Alsace et en Suisse. Le nord-est de l'Allemagne est submergé. Par contre, dans le midi, la mer recule vers le sud. Le climat européen devient, sous l'influence de cette mer boréale, plus froid. Les végétaux d'espèces tropicales gagnent vers le midi. A la suite de cette invasion, la mer se retire et l'Europe entière devenue continent se couvre de grands lacs. Le nord de l'Allemagne produit d'immenses tourbières, fournissant, en abondance, des lignites.

Les végétaux à feuilles caduques prédominent. Mais la flore de la Baltique et celle de l'Eubée sont encore identiques. Les Palmiers croissent au delà du 50e parallèle et la limite des Camphriers est le 55e.

Le soulèvement des Pyrénées accompagne le début de la période, les mouvements du sol qui la terminent, amènent le dessèchement des lacs et sont précurseurs du soulèvement alpin.

Faune. — La faune des Invertébrés se rapproche sensiblement de la faune actuelle.

Protozoaires. — Dans les Foraminifères, les *Orbitophragmina* jouent encore un grand rôle. Mais les *Nummulites* commencent à disparaître, elles ne doivent pas survivre à la période.

Cœlentérés. — L'embranchement des *Cœlentérés* est abondant en *Milléporidés*, *Hélioporidés*, *Poritidés*, surtout dans la région méditerranéenne.

Échinodermes. — Dans cette même région, un nouveau genre d'*Échinide* apparaît, c'est *Clypeaster;* les autres sont peu abondants; il faut nommer toutefois *Echinolampas*, *Echinocyamus*, *Cœlopleurus*.

Vers Lophostomés. — La décroissance des *Brachiopodes* s'accentue, mais les *Bryozoaires* sont très nombreux (*Membranipora*, *Crisina*, *Hornera*, *Idmonea*, *Lepralia*, *Eschara*).

Mollusques. — Parmi les Gastéropodes, on remarque la prospérité des genres *Melania*, *Cerithium*, *Potamides*, *Turritella*, *Voluta*, *Natica*, *Rostellaria*, *Pleurotoma*, *Deshayesia*, *Delphinula*, *Pyrula*, *Scalaria*, tous encore représentés aujourd'hui.

La même remarque peut se faire pour les *Lamellibranches* (*Cyrena*, *Ostrea*, *Cytherea*, *Pectunculus*, *Cardita*, *Corbulomya*, *Lucina*).

La déchéance des Céphalopodes est complète.

Articulés. — La période oligocène a fourni par contre, un grand nombre d'*Insectes* et d'*Arachnides* fossiles, dont les diverses espèces ont été trouvées conservées dans l'ambre.

Vertébrés. — L'embranchement garde sa prépondérance. Les Poissons marins sont surtout des *Rajides* et des *Squaloïdes;* dans les eaux douces apparaissent des types qui ont persisté jusqu'à l'époque actuelle.

Parmi les Batraciens, les *Rana* et les *Salamandrines* se développent beaucoup.

Dans le groupe des Reptiles, les *Crocodiliens*, les *Lépidosauriens* et les *Chéloniens* sont le plus développés ; les espèces marines de Tortues deviennent rares.

Le développement du groupe des Oiseaux se continue, beaucoup de genres actuels sont réprésentés (*Ansériformes*, *Stéganopodes*, *Longipennes*, *Échassiers*, *Gallinacés*, *Rapaces diurnes*, *Passereaux*).

La classe des Mammifères ne renferme plus de *Protothériens* et les *Métathériens* sont représentés par les *Polyprotodontes* (*Didelphyidés*, *Dasyuridés*). La sous-classe des *Euthériens* renferme : 1° des *Chéiroptères ;* 2° des *Insectivores* (*Talpidés, Myogalidés*) ; 3° des *Créodontes* qui s'éteignent à la fin de la série ; 4° quelques *Carnivores* (*Viverridés, Mustélidés, Félidés, Canidés*) ; 5° des *Rongeurs* (*Sciuridés, Hystricidés*) ; 6° des *Périssodactyles* (*Titanothériidés, Chalicothériidés, Palæothériidés*) ; 7° des *Artiodactyles* (*Anthracothériens, Suidiens, Anoplothériens, Caméliens, Boïdiens*) ; 8° des *Édentés* comparables aux *Glyptodontes* de l'Amérique du Sud ; 9° des *Toxodontes*. La présence des *Lémuriens* est contestable.

Flore. — La flore est beaucoup plus riche que dans la période précédente : c'est durant la série oligocène qu'ont apparu des plantes qui se rattachent à des formes vivant, aujourd'hui, dans la région où ont existé celles dont on retrouve les restes, ou ayant émigré à une petite distance.

L'abondance des arbres à feuilles caduques témoigne de changements de saisons. Mais l'association des Séquoias, des Palmiers (*Phœnix, Chamærops*), des Figuiers, des Camphriers, des Acacias, avec les Chênes, les Érables, les Charmes, atteste une température moyenne élevée.

Divisions en étages. — La série oligocène a été divisée en deux étages, le *tongrien* à la base, l'*aquitanien* au sommet.

L'étage tongrien seul a été subdivisé en deux sous-étages, le *sannoisien* inférieur, et le *stampien* qui termine la série.

Bassin de Paris. — La série oligocène est bien représentée dans le bassin de Paris (fig. 28).

ÉTAGE TONGRIEN. — *Sous-étage sannoisien.* — Il est difficile de tracer une limite nette entre le ludien et le tongrien. On attribue, cependant, à la base de l'oligocène, les marnes qui surmontent les dernières masses du gypse (*marnes de Pantin*). Ces marnes

Fig. 28. — Coupe de la sablière du Carrefour, en face du moulin de Challouette (M. Vélain).

sont pyriteuses à la base, et blanches au sommet. Elles contiennent *Limnea strigosa* et *Bythinia plicata*. Elles se poursuivent jusqu'à Château-Thierry, montrant ainsi l'existence d'une vaste lagune, sur les bords de laquelle vivaient des Mammifères (*Xiphodon*).

Au-dessus de ces marnes, vient une assise marneuse, caractérisée, à sa base, par *Cyrena convexa* et qui contient, par places, *Cerithium trochleare*, *C. plicatum*, *Psammobia plana*. La partie supérieure de ces marnes est verte et renferme des rognons de sulfate de strontium. Les marnes vertes se montrent, à Argenteuil, couronnées par des lentilles de gypse.

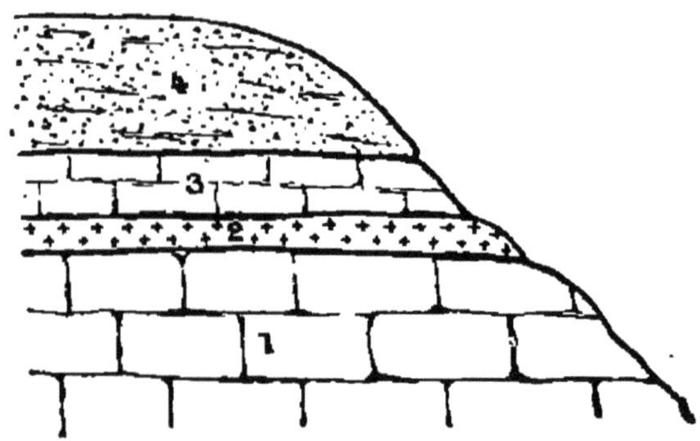

Fig. 29. — Coupe des meulières à la Ferté-sous-Jouarre. — 1, calcaire ; 2, gypse ; 3, meulière de la Brie ; 4, sables de Fontainebleau.

Dans cette localité, les marnes vertes sont surmontées par des marnes marines à *Cerithium conjunctum*, *C. trochleare*, *C. plicatum*, *Cytherea incrassata* et *Ampullina crassatina*. Partout ailleurs, les couches qui succèdent aux marnes vertes sont connues sous le nom de *calcaire de Brie*, ou *travertin moyen*. Les couches en sont formées d'un calcaire tantôt marneux, tantôt compact, imprégné de silex parfois constitué à l'état de meulière (la Ferté-sous-Jouarre). La meulière forme la plus grande partie du plateau de la Brie (fig. 29).

Les fossiles y sont peu nombreux. On y trouve surtout des graines de *Chara*, *Planorbis cornu*, *Limnea cornea* et *Bythinia Duchasteli*. Le calcaire de Brie est intimement lié au calcaire de Château-Landon analogue à celui de Champigny, on le trouve surtout entre la Seine et le Loing.

Au nord de Paris, on ne trouve plus le calcaire de Brie.

Sous-étage stampien. — Le commencement de l'époque stampienne est marqué par une invasion marine qui s'avance au sud plus loin que la mer éocène. Elle a atteint le Gâtinais et la Beauce et a déposé des sables qui forment une assise très régulière.

Dans tout le bassin de Paris, la base du stampien est une couche d'argile à *Ostrea cyathula*, *Ostrea longirostris*, associées parfois à un Échinide, *Scutulum parisiense*. Ces *marnes à Huîtres* se transforment, au sud de Longjumeau, en un grès calcarifère marneux, tendre, la *mollasse d'Étrechy*, qui renferme *Ostrea cyathula*, *Cerithium plicatum*, *Perna Heberti*, *Cytherea incrassata*, *Melania semidecussata*.

La masse sableuse qui forme la plus grande partie du stampien est connue sous le nom de *sables de Fontainebleau et d'Étampes*. On y distingue les assises suivantes :

A la base, le *falun de Jeurre*, sable marneux, jaunâtre, dénotant un dépôt de rivage, il est très fossilifère. La faune en fournit : *Potamides conjunctum*, *Cerithium plicatum*, *C. trochleare*, *Natica crassatina*, *Cytherea incrassata*, *Gastrochæna Raulini*, *Purpura monoplex*, *Corbula subpisum*, *Deshayesia parisiensis*, *Nummulites Bezançoni*.

Au-dessus du falun, les *sables de Morigny*, très fossilifères aussi, dénotent un dépôt de mer profonde. Ils renferment un certain nombre de fossiles du falun, et d'autres caractéristiques comme *Buccinum Gossardi*, *Cerithium Galeotti*, *Cytherea splendida*, *Lucina Heberti*, *Pectunculus obovatus*, *Cassidaria Buchi*.

A ce dépôt marin succède un dépôt de rivage, les *sables d'Étrechy* à dents de *Lamna*, de *Myliobates* et restes d'*Halitherium*.

Plus haut, les *sables de Vauroux* représentent un dépôt d'estuaire. A la base, on trouve des sables blancs, quartzeux, à grains fins, à *Lucina Thierensi* et *Corbulomya triangula*.

Les sables de Vauroux sont subordonnés aux *sables et faluns de Pierrefitte* qui sont blancs, micacés, quartzeux ; leur faune, surtout marine, est riche en *Fusus* et en *Murex*. Ces derniers supportent les *sables de Saclos* à galets roulés et dents de *Lamna*.

L'ensemble se termine par les *sables d'Ormoy*. C'est à cette assise qu'appartiennent les bancs de grès de la forêt de Fontainebleau et des environs d'Étampes. Au sommet des sables, on trouve les grès en place, formant une sorte de table dont l'épaisseur est au plus de 4 mètres. Le ciment du grès est généralement calcaire.

La faune des sables se compose surtout de *Potamides Lamarcki*, *Cytherea incrassata*, *Cerithium plicatum*, *Murex conspicuus*.

En certains points, la faune d'Ormoy se retrouve au-dessus de marnes lacustres et de bancs ligniteux à *Potamides Lamarcki*.

Aux environs immédiats de Paris, les marnes à Huîtres sont surmontées de sables fins jaunes ou rosés (Châtillon, Fontenay-aux-Roses). Ils sont en général dépourvus de fossiles sauf à la base où, dans un grès ferrugineux, on trouve des empreintes de *Cerithium* et de *Lamellibranches*. Au sommet de l'assise se trouve un grès ferrugineux irrégulier qui supporte l'aquitanien.

Dans l'ouest du bassin de Paris, les sables du stampien reposent sur la craie.

ÉTAGE AQUITANIEN. — Le dépôt des sables d'Ormoy a été suivi d'un retrait de la mer; et, à la place que celle-ci avait occupée, s'est formé un grand lac qui allait jusqu'en Champagne d'une part, et au delà du Valois de l'autre.

Aux environs d'Étampes, la substitution du second régime au premier a été progressive. En certaines localités, la faune d'Ormoy se retrouve au-dessus de bancs lacustres.

L'étage aquitanien débute par les *marnes d'Étampes* à *Potamides Lamarcki*, *Paludestrina Dubuissoni*, *Cyclostoma antiquum*. Les marnes sont entremêlées de sables ligniteux et de silex. Parfois, à la place des marnes, on rencontre des sables jaunes ou rouges à coquilles terrestres et débris de Mammifères (*Anthracotherium*, *Rhinoceros*). Ce niveau sépare les sables du stampien de la *meulière*, celle-ci, dite *meulière de Montmorency*, se trouve éparse dans une argile bariolée, elle représente la partie décalcifiée d'une ancienne formation lacustre.

Dans la Beauce, le calcaire lacustre se divise en trois couches :

1° Le *calcaire à Limnées*, caractérisé par *Limnea cylindrica*, *L. Brongniarti*, *L. cornea*, *Helix Munieri*, *H. Ramondi*, *Planorbis cornu*, *Cyclostoma antiquum*, *Potamides Lamarcki* avec des débris de Mammifères. Ce calcaire correspond à la meulière de Montmorency, de Rambouillet, de Palaiseau, etc.;

2° Un ensemble de glaise verte, de grès calcaire et de sables siliceux qui constitue la *mollasse du Gâtinais*. Dans l'ouest, la mollasse est envahie par des nodules calcaires qui finissent par former une couche continue ;

3° Le *calcaire à Helix* ou *calcaire de l'Orléanais* formé de bancs gris, ou noirs, bréchiformes, dont les principaux fossiles sont *Helix Ramondi, H. Tristani, H. aureliana, H. Moroguesi, H. Defrancei, Melania aquitanica, Limnea urceolata, L. Larteti, L. Noueli.*

Le calcaire de Beauce termine l'oligocène du bassin de Paris. Les sables qui le recouvrent sont miocènes par leur faune de Mammifères.

Aquitaine. — L'oligocène du sud-ouest montre que durant toute la période, le golfe du Bordelais a été tour à tour envahi par la mer et soumis à un régime de lagunes.

ÉTAGE TONGRIEN. — Il comprend les assises suivantes : 1° les *marnes du Médoc* caractérisées par *Anomia girondica*, et *Ostrea longirostris;* 2° la *mollasse du Fronsadais* reliée aux marnes par des bancs à *Cypris* et à *Melanopsis.* On y trouve *Xiphodon gracilis* et *Paloplotherium minus;* 3° la mollasse supporte le calcaire de Castillon à *Nystia Duchasteli* représentant le calcaire de Brie; 4° les *marnes de Gaas* à *Cerithium Charpentieri, C. Ceres, Natica crassatina, Fusus polygonatus* et des *Nummulites*, dont plusieurs espèces de l'éocène de Biarritz.

Ces quatre assises forment, par leur réunion, le sous-étage sannoisien.

Le stampien débute par un calcaire dit *calcaire de Bourg* ou calcaire à *Astéries*, car il renferme de nombreuses articulations d'Astéroïdes du genre *Crenaster.* La base est formée par des marnes à *Ostrea cyathula* et *O. longirostris.* La partie supérieure est un calcaire grossier jaunâtre à *Cerithium plicatum, C. trochleare, Natica crassatina, N. angustata, Echinolampas Blainvillei, Echinocyamus piriformis*, etc.

Du côté de Castillon, ce calcaire est rudimentaire et supporte un calcaire à *Melania albigensis*, subordonné à la *mollasse de l'Agenais*, caractérisée par *Anthracotherium magnum* et *Paloplotherium*.

Plus à l'est, en approchant du Plateau Central, la mollasse de l'Agenais devient un calcaire lacustre, *calcaire de Lalbenque* à *Helix Ramondi*, *Planorbis cornu*, *Cyclostoma cadurcense*.

Étage aquitanien. — Dans le Bordelais, les assises aquitaniennes se décomposent ainsi : 1° une *marne* à *Cerithium calculosum*, *C. fallax*, *C. plicatum*, *Lucina scapulorum* et à *Néritinés ;* 2° les *sables jaunes* des vallées du Bordelais ; 3° le *calcaire lacustre de Saucats ;* 4° les *faluns coquilliers* de Lariey, Bazas, Saint-Avit, etc., à *Ostrea aginensis*, *Pyrula Lainei*, *Cerithium bidentatum*, *Turritella Demaresti ;* 5° le *calcaire lacustre supérieur*. La faune marine des faluns témoigne de l'existence d'un golfe, en cette région de la France, alors que partout ailleurs la mer s'était retirée.

Au sud-est, l'aquitanien est formé par le *calcaire de l'Agenais* qui repose sur la mollasse. La base, dite *calcaire blanc*, contient *Cyclostoma antiquum* et *Helix Ramondi*, elle supporte des marnes et des argiles à *Ostrea aginensis* qui correspondent aux faluns de Lariey. Ces marnes sont subordonnées au calcaire gris de l'Agenais ou calcaire supérieur, à *Limnea urceolata*, *L. Larteti*, *L. girondica*, *Helix girondica*, *H. aginensis*, équivalent à la mollasse du Gâtinais et au calcaire à *Helix*. L'argile qui couronne le calcaire gris est marine et renferme *Ostrea aginensis*.

Limagne. — Durant la période oligocène, les régions françaises qui forment la vallée de la Loire et de l'Allier ont subi un affaissement qui a permis aux lagunes du bassin parisien d'écouler leurs eaux dans le bassin de la Limagne. Plus tard, un grand lac a occupé la Limagne. Les mêmes phénomènes se sont accomplis dans le Velay et le Cantal.

Dans la Limagne, les arkoses qui forment la base des terrains tertiaires sont reconnues tongriennes. Il existe, en effet, à Issoire, des calcaires sannoisiens qui supportent les arkoses, surmontées elles-mêmes de marnes à *Limnées* et à *Cyrena convexa*.

Ces arkoses supportent l'aquitanien. Cet étage est formé de bancs calcaires et marneux, alternant avec des lits argileux et des couches de cendres basaltiques qui, cimentées par la vase calcaire, ont donné les *pépérites*.

On trouve dans l'aquitanien, les couches à *Potamides Lamarcki*, à *Planorbis cornu* et à *Helix Ramondi*.

La couche à *Potamides* est souvent gypsifère, elle a fourni des plumes d'Oiseaux, des Poissons, et des graines de *Chara*.

Les pépérites qui viennent au-dessus résultent de pluies de cendres dans les marais et les étangs qui succédaient au lac. Souvent, des Phryganes se sont développées dans ces marais, au point que l'agglomération des étuis de leurs larves a donné naissance au *calcaire à Phryganes*. Des bancs de calcaire se montrent dans cette masse. Ils renferment *Limnea pachygaster*, *Planorbis cornu*, *Helix Ramondi*, *H. ligeris* et des *Pupa*. Des dépôts de silex, et des travertins trahissent l'activité thermale de l'époque.

Bassin d'Aix. — ÉTAGE TONGRIEN. — Il comprend trois assises : 1° des calcaires blancs à silex pyromaque, marnes et gypse à *Poissons*, *Insectes*, *Crustacés* et végétaux ; 2° des sables jaunes et des grès ; 3° un calcaire avec lits marneux intercalés, renfermant *Potamides margaritaceum*, *P. Lauræ*, *Cyrena aquensis*.

ÉTAGE AQUITANIEN. — L'étage aquitanien est formé de marnes grises et de calcaires dont la faune est la suivante : *Helix Ramondi*, *Potamides microstoma*, *Limnea pachygaster*, *Neritina*, *Hydrobia*, etc.

Les gypses tongriens d'Aix, qui ont pour équivalents, dans le bassin d'Apt, les *gypses de Gargas* (fig. 30), offrent une flore et une faune très intéressantes.

Fig. 30. — Colline de Sainte-Radegonde. — e_1, marnes aptiennes; e^3, sables; *f*, couches à fossiles; *ec*, calcaires et marnes; *g*, gypse.

L'étude de cette flore, dont plusieurs types existent encore dans l'Afrique australe et dans l'Asie méridionale, prouve que le climat amenait des périodes de sécheresse et de chaleur extrêmes, au point de dépouiller les arbres de leurs feuilles.

Les mêmes conclusions résultent de l'étude des *Insectes* très abondants dans les plaquettes de la formation gypsifère.

Dans les Basses-Alpes, le *gisement aquitanien de Céreste* renferme aussi des Insectes, des Poissons (*Smerdis*, *Lebias*), des *Mammifères* et de nombreux végétaux.

Équivalence des assises oligocènes.

		Bassin de Paris.	*Aquitaine.*
Aquitanien.		Calcaire à *Helix.* Mollasse du Gâtinais. Calcaire de Beauce. Meulière de Montmorency. Marnes d'Étampes.	Argile à *Ostrea aginensis.* Calcaire gris de l'Agenais (supérieur). Argile à *Ostrea aginensis.* Calcaire blanc de l'Agenais (inférieur). Marnes du Bordelais.
Tongrien.	Stampien	Sables d'Ormoy et grès de Fontainebleau. Sables de Pierrefitte. Sables de Vauroux. Sables d'Étrechy. Sables de Morigny. Falun de Jeurre. Marnes à Huîtres. Mollasse d'Étrechy.	Mollasse de l'Agenais et calcaire de Lablenque. Calcaire à Astéries. Marnes à *Ostrea cyathula.*
	Sannoisien	Calcaire de Brie. Couches marines de Sannois. Glaises vertes et marnes à *Cyrena convexa.* Marnes de Pantin.	Marnes de Gaas. Calcaire de Castillon. Mollasse du Frondasais. Marnes à *Anomia.*

Terrain sidérolithique. — L'oligocène affecte, en beaucoup de points du Jura et du Plateau Central, l'apparence d'une formation dans laquelle abonde le minerai de fer en grains. Ce minerai est une limonite empâtée dans une argile et qui forme des couches, ou des poches, au milieu des calcaires jurassiques.

Comme de pareils dépôts sont fréquemment associés à des calcaires lacustres, à des travertins ou à des gypses, on admet que les sources minérales ont dû jouer un rôle important dans la formation de ce terrain.

En France, les dépôts sidérolithiques sont contemporains du calcaire de la Brie, en outre les phosphorites du Quercy, qui ne sont qu'une manière d'être du terrain sidérolithique, ont donné une faune de Mammifères datant de l'oligocène inférieur. Il est donc légitime de décrire ces formations avec les dépôts oligocènes, bien qu'il soit probable que le début du phénomène sidérolithique ait commencé à la fin du gypse parisien.

La gangue ou minerai de fer, est dans le Jura, une argile rouge (*bolus*) contenant le minerai en grains pisolithiques. Cette formation est abondante à l'état de remplissage de poches ou de fentes dans les calcaires jurassiques.

Souvent, le terrain sidérolithique est recouvert par un calcaire d'eau douce, qui contient des *Chara*, des *Limnées*, des *Planorbis*. Sur le même horizon se placent les calcaires de Magny, de Belleneuve, de la Voivre, contenant du minerai de fer enclavé, et *Limnea longiscata*, ainsi que *Planorbis planulatus*.

Le terrain sidérolithique se retrouve en Bourgogne, en Franche-Comté, où il fournit presque tous les minerais de fer, dans le Berri, et sur le bord méridional du Plateau Central.

Phosphorites du Quercy. — Les dépôts de phosphate de calcium ou *phosphorites*, très répandus dans le Quercy, constituent un dépôt analogue au terrain sidérolithique et appartenant pour la plus grande part à l'oligocène.

On trouve ces gisements dans la région des hauts plateaux calcaires qui ont été parcourus par les eaux douces de l'éocène, et ne dépassent pas 350 mètres d'altitude. Les dépôts occupent des fentes dans les calcaires jurassiques, mais sont sous la dépendance des gisements tertiaires voisins.

En général, la partie supérieure des dépôts est riche en argiles rouges et en marnes avec limonite pisolithique, plus bas domine le phosphate concrétionné

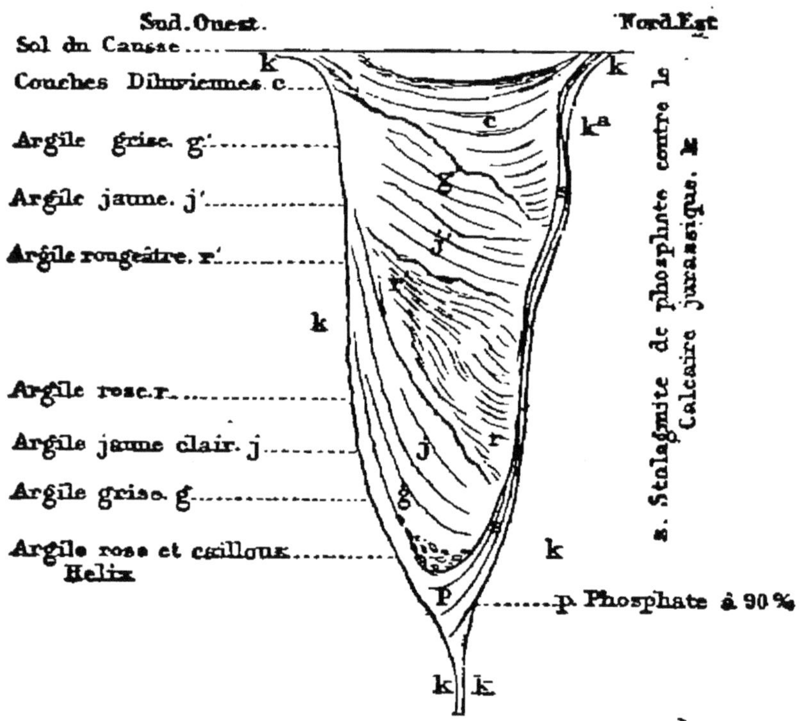

Fig. 31. — Phosphorites du Quercy. Poche à phosphate (d'après M. Tardy).

et zoné, le chlore et le fluor y sont en moindre proportion que dans l'apatite, parfois on y trouve beaucoup d'iode, mais toujours fort peu de brome (fig. 31).

Age et faune. — C'est dans les argiles que les ossements sont abondants ; des Reptiles et des Batraciens ont été transformés en phosphate.

L'âge des phosphorites est fixé par les ossements de Mammifères, et par les coquilles de Mollusques. On y a trouvé *Planorbis cornu* et *Cyclostoma formosum*. Les Mammifères sont des *Palæotherium*, *Anoplotherium*, *Xiphodon*, *Hyænodon*, *Cynodictis*, *Adapis*, *Necrolemur*, etc.

L'enfouissement des animaux paraît avoir été immédiat, il est admissible, qu'en venant se désaltérer à des sources, les animaux étaient asphyxiés par des émanations délétères. On a retrouvé de nombreux squelettes entiers, et les os des *Ongulés* ou des *Rongeurs* ne portent pas traces des dents des Carnivores auxquels ils sont mélangés.

Le dépôt des phosphorites est sans doute dû à des émanations internes, tout au moins celles-ci ont dû y contribuer puissamment. Ce sont des formations mixtes, où les agents extérieurs ont eu leur part, et où les fossiles sont venus dater, pour ainsi dire, et en même temps spécifier, par l'apport de matière azotée, des émissions dont l'abondance a sans doute été en rapport avec les grands mouvements qui se préparaient sur le sol de l'Europe (A. de Lapparent).

Dépôts succinifères. — Les dépôts succinifères de Kœnigsberg doivent être rapportés aussi à l'oligocène.

En Allemagne, la mer s'est avancée vers le sud, dès le début de la période. Elle formait trois golfes : celui de la Basse Silésie, dépassant Breslau et arrivant à Oppeln ; celui de la Saxe et de la Thuringe, pénétrant les vallées du massif montagneux thuringien ; enfin le golfe rhénan atteignant Bonn et rejoignant par Cassel le bassin de Mayence. Un effondrement ayant creusé une large dépression entre les Vosges et la Forêt-Noire, la mer oligocène pénétra jusqu'en Suisse, et l'Europe centrale fut envahie comme durant les temps suprajurassiques.

Dans les trois golfes, les sédiments lignitifères dominent. Ce sont des couches meubles, à galets roulés, parfois agglomérés en poudingues, des sables siliceux, des grès quartzeux, des argiles à flore riche, du lignite (*pyropissite*) très variable de composition.

Les gisements de lignite sont lenticulaires. Le

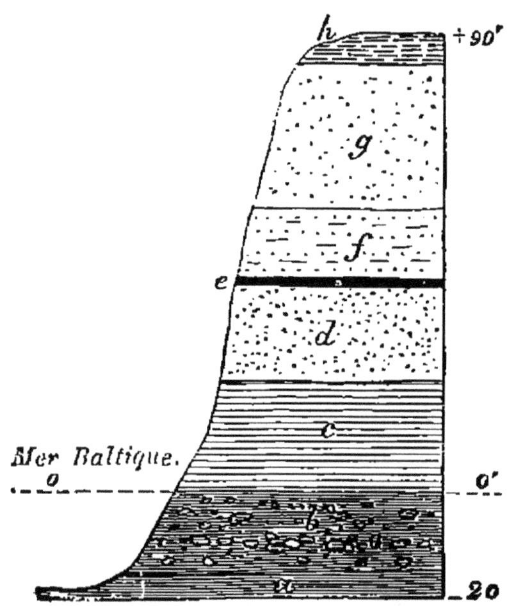

Fig. 32. — Coupe à travers les couches à ambre jaune du Samland, près d'Hubniken (d'après Rainge). — *h*, humus ; *g*, diluvium ; *f*, sable : *e*, lignite ; *d*, sable blanc ; *c*, sable et couche à glauconie ; *b*, terre bleue à ambre ; *a*, terre stérile ; *o*, niveau de la mer.

minéral est formé de *Conifères* et surtout de *Cupressinées*, mais les argiles et les grès encaissants sont surtout riches en *Angiospermes* et en *Palmiers* (*Quercus*, *Laurus*, *Sassafras*, *Magnolia*, *Subal*, *Phœnicites*, *Flabellaria*). La flore a des affinités australiennes, indiennes et américaines.

Les couches à ambre sont un sable glauconieux situé au-dessous du niveau de la mer (fig. 32), il est recouvert par une couche de sable plus épaisse et pauvre en succin, et ce sable lui-même supporte des argiles et du lignite. L'ambre provient de plusieurs espèces de *Pinus*, parmi lesquels *P. succinifer*. On y a décrit deux mille espèces de Trachéens (*Insectes*, *Arachnides Myriapodes*).

Le reste de la série oligocène est représenté dans l'Allemagne du Nord par les *sables de Stettin* et les *argiles à Septaria*. Celles-ci renferment des concrétions rondes de calcaire compact traversé par des veines de calcite strontianifère, elles sont abondantes en Foraminifères (*Nodosaria*, *Truncatularia*, *Triloculina*, *Rotalia*), avec *Fusus*, *Pleurotoma*, *Leda*. Le sable recouvre généralement l'argile, il est glauconieux, et renferme des *Pectunculus*, des *Cardium* et des *Cyprina*.

L'aquitanien surmonte l'argile à *Septaria*, il est formé de couches marines à *Echinolampas Kleini*, *Terebratula grandis* et *Pecten janus*. Dans le Brandebourg, ce sont des sables, et dans le sud ces sables correspondent à des couches à lignites associés à des tufs basaltiques.

La série oligocène se poursuit de même dans les autres contrées européennes. On l'a retrouvée en Algérie, en Égypte, dans l'Amérique et aux Indes.

CHAPITRE II

SYSTÈME NÉOGÈNE

Caractères de la période néogène. — En Europe, des changements considérables s'effectuent pendant les temps néogènes. Tout d'abord, surgissent des plissements qui accompagnent le bord méridional du continent asiatico-européen (*Eurasie*). Ce soulèvement s'accomplit durant la période *miocène*.

Les conséquences de ce ridement sont les effondrements qui creusent une large brèche dans le continent boréal et donnent naissance à l'Atlantique. Ces modifications s'accomplissent durant la période *pliocène*.

La division du système en deux séries, *miocène* et *pliocène*, est basée sur ces modifications géographiques.

I. — Série miocène.

Caractères de la série miocène. — Les mouvements du sol, précurseurs du grand plissement alpin, amènent le dessèchement des grands lacs oligocènes. Les vallées des fleuves s'esquissent, et des graviers se substituent aux dépôts lacustres. Bientôt, par l'effet de l'accentuation du relief du sol, la mer pénètre en France. Par la vallée de la Loire, elle arrive jusqu'à Blois, d'une part, tandis que de l'autre elle rejoint la Manche, par l'Ille-et-Vilaine, isolant ainsi la Bretagne qui devient une île. A la même époque une invasion marine se répand dans la vallée du Rhône, envahit la Suisse et le Jura, puis, suivant le pied des Alpes actuelles, atteint Vienne, et de là passe en Asie Mineure.

Cette transgression marine est suivie d'une interruption de communication entre la Méditerranée et l'Atlantique. La dépression méditerranéenne fait communiquer les régions sarmatique et aralocaspienne, les eaux deviennent de plus en plus douces et un régime de grands lacs et de lagunes s'établit à la place de la Méditerranée.

Faune. — La faune se rapproche de plus en plus de la faune actuelle.

Protozoaires. — Dans les *Foraminifères*, le genre *Nummulites* a disparu presque complètement, les genres qui prospèrent à sa place sont *Amphistegina*, *Ehrenbergia*, *Cassidulina*, *Ellipsoidina*, *Rotalia*, *Textularia*, *Planorbulina*, *Bulimina*, *Operculina*.

Spongiaires. — Les *Spongiaires* des périodes précédentes se maintiennent, et persisteront jusqu'à l'époque actuelle.

Cœlentérés. — Les *Cœlentérés* sont représentés par des *Gymnoblastes* et des *Hydrocoralliaires* et surtout par des *Hexacoralliaires* (*Apores*, *Fungidés*, *Perforés*), qui à Malte, à Java, construisent des formations coralliennes (*Porites*, *Heliastræa*).

Échinodermes. — De nouveaux *Échinides* apparaissent formant la famille des *Clypéastridés* (*Clypeaster*, *Scutellina*, *Sismondia*, *Stolonoclypus*, *Laganum*, *Scutella*, *Echinarachnius*, *Arachnoides*, *Amphiope*, *Runa*, *Echinodiscus*). Les Spatangidés ont aussi quelques représentants (*Spatangus*, *Brissus*, *Schizaster*).

Vers Lophostomés. — Les *Brachiopodes* ne jouent qu'un rôle effacé et les *Bryozoaires* sont représentés surtout par des *Chénostomes*.

Mollusques. — Les *Gastéropodes* atteignent leur développement maximum. On compte que 19 p. 100 des espèces miocènes vivent encore aujourd'hui. Les principaux genres sont *Cerithium*, *Potamides*, *Voluta*, *Pleurotoma*, *Cassis*, *Murex*, *Conus*, *Cypræa*, *Cancellaria*.

Les principaux Lamellibranches marins sont *Lima*, *Arca*, *Pecten*, *Cardita*, *Tapes*, *Mactra*, *Ostrea*. Parmi les Mollusques d'eau saumâtre, on rencontre surtout *Adacna*, *Prosodacna*, *Didacna*, *Congeria*.

Les Céphalopodes sont réduits aux genres *Aturia* et *Nautilus*.

Articulés. — Parmi les Articulés, apparaissent les Crabes d'eau douce (*Gecarcinus*, *Telphusa*).

Vertébrés. — Ils continuent leur développement. Parmi les *Poissons*, la prépondérance appartient aux

Téléostéens physoclystes. Les *Urodèles* et les *Anoures* sont les seuls *Batraciens* que l'on retrouve. Les *Lacertiliens*, les *Ophidiens*, les *Chéloniens*, les *Crocodiliens* représentent la classe des *Reptiles*.

La faune du miocène inférieur est riche en *Oiseaux.* A côté des genres des régions chaudes, on constate l'apparition de types des régions tempérées (*Loxia*, *Anas*, *Puffinus*). Le miocène moyen a vu s'accentuer ce caractère. La fin de la période est beaucoup moins riche, on a signalé l'apparition des *Gallinacés*, et celle des grands *Échassiers*.

On divise la faune des grands Mammifères miocènes en quatre groupes :

Le premier, qui correspond au début de la période, renferme des genres anciens (*Palæochærus*, *Anthracotherium*, *Hyopotamus*) ; les *Proboscidiens* apparaissent (*Mastodon*, *Dinotherium*); les *Cervidés* (*Procervulus*) sont rares ; les *Périssodactyles* prospèrent (*Rhinoceros*, *Acerotherium*) ; les *Simiens* apparaissent (*Oreopithecus*, *Pliopithecus*).

Le second groupe ne renferme pas de formes anciennes. Il est caractérisé par *Mastodon angustidens*, *M. Turicensis*, *Listriodon*, *Anchitherium*, *Hyæmoschus*. Dans les dépôts marins, on rencontre des *Thalassothériens* (*Halitherium*, *Squalodon*, *Balæna*, *Delphinus*).

Le troisième groupe, très voisin du précédent, semble, cependant, contenir des formes plus nouvelles, les *Antilopidés* y apparaissent, ainsi que des *Carnassiers* (*Pseudælurus*, *Machærodus*), et des *Canidés* (*Amphicyon*, *Pseudocyon*, *Hemicyon*).

Le quatrième groupe qui caractérise la fin de la série renferme de grands *Carnassiers* (*Metarctos*, *Mustela*, *Ictitherium*, *Hyænictis*, *Machærodus*, *Hyæna*, *Felis*), des *Périssodactyles* (*Rhinoceros*, *Hipparion*), des *Suidiens* (*Sus*), des *Girafes* (*Helladotherium*), des

Antilopes (*Gazella, Palæoryx, Palæoreas*), des *Proboscidiens* (*Dinotherium, Mastodon*), des *Simiens* (*Mesopithecus Pentelici*).

Divisions en étages. — La série miocène se divise en cinq étages : A la base, le *burdigalien* (faluns du Bordelais) ; ensuite l'*helvétien* (couches de Saint-Gall en Suisse) ; au-dessus, le *tortonien*, pendant lequel s'accomplit la plus grande partie du plissement alpin ; puis vient le *sarmatien* dont le caractère est surtout saumâtre ; le *pontien*, caractérisé par une régression de la mer, termine la série.

En France, la série miocène n'est complètement développée que dans la région du sud-est (Dauphiné et Provence). Dans le bassin de Paris et dans la France occidentale, il n'y a pas de dépôts supérieurs au tortonien.

France occidentale. — ÉTAGE BURDIGALIEN. — Au début du miocène, les grands lacs de l'aquitanien ont disparu, un régime fluvial se prépare. Sur le bord de l'ancien lac de Beauce s'esquisse la vallée de la Loire et se déposent les *sables de l'Orléanais*. Ce sont des sables grossiers, argileux, fossilifères et renfermant une belle faune de Mammifères : *Amphicyon giganteus, Anthracotherium onoideum, Mastodon angustidens, M. pyrenaicus, M. tapiroides, Dinotherium Cuvieri, Rhinoceros aurelianensis*. Une couche de marnes blanches ou vertes (*marnes de l'Orléanais*) repose sur ces sables. Cette couche supporte le *calcaire de Montabuzard* que l'on doit considérer comme un accident local, car, partout, les marnes de l'Orléanais supportent, en concordance, les *sables et argiles de Sologne* dépourvus de restes organiques. Ces sables se suivent depuis la vallée de la Loire jusqu'à celle de la Seine.

ÉTAGE HELVÉTIEN. — L'étage helvétien est représenté dans l'ouest de la France par les *faluns de*

Touraine. Ce sont des dépôts marins, composés de Polypiers, de Bryozoaires et de coquilles brisées, mélangés de sables siliceux plus ou moins grossiers. La roche est agglomérée par un ciment calcaire et un grès tendre et poreux. Les faluns de Touraine sont riches en coquilles de Mollusques, et renferment à l'état remanié des os de Mammifères provenant des sables de l'Orléanais. La faune caractéristique comprend : *Murex rudis, M. turonensis, Cerithium intradentatum, C. papaveraceum, Lima squamosa, Pecten striatus, Turritella bicarinata, Pleurotoma tuberculosa, Cypræa affinis*.

Une couche de sables et de grès calcarifères sépare les faluns du tortonien.

Étage tortonien. — Les *faluns de l'Anjou* correspondent à l'étage tortonien, ils s'en distinguent par l'abondance des Polypiers, des Bryozoaires, et des Algues calcaires du genre *Lithothamnium ;* les Échinidés (*Scutella, Amphiope, Echinolampas*) y sont fréquents avec les dents de Squales (*Carcharodon, Oxyrhina*) et les débris d'*Halitherium*.

En Touraine, l'étage semble représenté par des sables à *Ostrea crassissima*, et des marnes à *Helix turonensis*.

Aquitaine, Bordelais. — Pendant l'époque miocène, la mer continue d'occuper l'Aquitaine, elle y a déposé des faluns et des mollasses dans l'ordre suivant :

Étage burdigalien. — L'étage est représenté par les *faluns de Léognan*, dans lesquels on peut reconnaître trois assises principales : à la base, la mollasse et le falun inférieur de Léognan ; au milieu, le falun proprement dit, et au sommet les *faluns de Saucats*.

Les ossements de *Delphinus* et de *Squalodon*, les dents de *Carcharodon*, de *Notidanus* et d'*Hemipristis* caractérisent les faluns marins, ainsi que les Échinidés : *Scutella subrotunda*, *Clypeaster marginatus*, *Echinolampas Laurillardi*, des Gastéropodes, *Turritella terebralis*, *Oliva plicaria*, des Lamellibranches, *Pecten burdigalensis*, et *Cardium burdigalinum*.

ÉTAGE HELVÉTIEN. — Au-dessus des faluns de Léognan, viennent la *molasse de Martignas* et les *faluns de Salles* à *Cardita Jouanneti*, *Ostrea crassissima*, *Pecten scabrellus*, *Panopea Menardi*, *Voluta Lamberti*, *Natica redempta*, *Cardium discrepans*.

Fig. 33. — Coupe de la colline de Sansan. — *m*, marne sans fossiles; deuxième marne et calcaire renfermant des coquilles terrestres; *cm*, concrétions marneuses à galets quartzeux et os de Mammifères; *c*, calcaire; *o*, amas détritiques de coquilles et d'os; *m'*, couche mince de marne; *c*, calcaire; *r*, calcaire rose avec coquilles; M, marne à ossements de Mammifères; m^2, couche de marne sans fossiles; G, grès mollasse sans fossiles (d'après E. Lartet).

Au même étage, appartiennent les gisements de Sus et Gabarret, dans lesquels on trouve des ossements roulés de *Mastodon* et de *Dinotherium*, avec *Melania aquitanica*.

Dans le centre de l'Armagnac, l'helvétien se présente sous forme de deux assises de calcaires lacustres, de marnes bariolées et de mollasses ou grès calcarifères. L'assise inférieure (*calcaire de Sansan*) offre un très riche gisement de Mammifères (*Mastodon*, *Rhinoceros*, *Amphicyon*, *Dicrocerus*, *Protopithecus*), associés à *Limnea Laurillardi*, *Planorbis Goussardi*, *Helix sansaniensis*, *Clausilia maxima* (fig. 33).

L'assise supérieure ou *calcaire de Simorre* est également riche en Mammifères (*Anchitherium*, *Rhinoceros*, *Dinotherium*, *Mastodon*).

Étage tortonien. — Correspondant à la mollasse de l'Anjou, on trouve en Armagnac une mollasse marine à *Ostrea crassissima*, et *Pecten solarium*, et une mollasse grise à *Echinolampas hemisphæricus* (*mollasse de Narosse*).

Dans les Landes, on observe un horizon un peu supérieur, celui des *faluns de Saubrigues* et de *Saint-Jean de Mursacq* avec une faune septentrionale. Le régime des mers chaudes est à cette époque troublé par l'invasion de courants venus du Nord, qui se font sentir encore beaucoup plus à l'Est.

Équivalence des assises miocènes de la France occidentale.

	Bassin de Paris.	*Aquitaine.*
Pontien..........	Manque.	Manque.
Sarmatien........	Manque.	Manque.
Tortonien........	Marnes à *Helix turonensis*. Mollasse d'Anjou.	Faluns de Saubrigues et de Saint-Jean de Mursacq. Mollasse de l'Armagnac et de Narosse.
Helvétien........	Faluns de Touraine.	Faluns de Salles. Calcaire de Simorre. Calcaire de Sansan. Mollasse de Martignas.

Burdigalien	Sables de Sologne. Marnes de l'Orléanais. Calcaire de Montabuzard. Sables de l'Orléanais.	Faluns de Saucats. Falun de Léognan. Mollasse de Léognan. Falun inférieur de Léognan.

Bassin du Rhône. — Étage burdigalien. — L'invasion de la mer miocène dans le bassin du Rhône n'a pas, durant l'époque burdigalienne, dépassé la Drôme. Elle y a déposé la *mollasse du Sausset* à *Turritella turris*, *Amphiope elliptica*, *Cardium burdigalinum*. A Saint-Paul-Trois-Châteaux, la mollasse est remplacée par des sables à *Scutella paulensis* et *Pecten rotundatus*. Au-dessus, vient un conglomérat à galets verts, puis la *mollasse marno-calcaire de Saint-Paul-Trois-Châteaux* à *Echinolampas hemisphæricus*, *Pecten præscabriusculus*, *P. restitutensis*, etc. Dans la faune du burdigalien supérieur, les *Pectinidés* et les *Ostracés* jouent le rôle prépondérant et ce caractère se retrouve jusqu'en Perse.

La mollasse marno-calcaire renferme, à Aix, des moules de coquilles d'*Helix*.

Étage helvétien. — Cet étage comprend un ensemble de sables et de grès qui, à la base, renferment *Ostrea crassissima*, au milieu, *Pecten Gentoni* et *Cardita Michaudi* (et, dans le Dauphiné, *Terebratulina calathisca*). Le sommet de l'helvétien est formé par les *marnes* et les *mollasses de Cucurron* à *Pecten vindascinus*.

Étage tortonien. — Dans les bassins de Veson et de Cucurron, aux marnes à *Pecten*, succèdent une mollasse à faune très différente où dominent *Cardita Jouanneti* et *Ancillaria glandiformis* (*mollasse de Cucurron*), on y rencontre aussi des Clypéastridés et des Bryozoaires qui rappellent une formation de mers chaudes, le *Leithakalk* d'Autriche.

A la mollasse, succède un nouvel horizon à *Ostrea*

crassissima, puis viennent les *marnes de Cabrières* dans lesquelles pullulent *Cardita Jouanneti*.

Étage sarmatien. — Cette dernière invasion marine s'est terminée avec le plissement des Alpes. Des eaux saumâtres ont déposé, ensuite, des sables à *Nassa Michaudi* et des marnes à *Melanopsis narzolina*. Puis des eaux douces sont venues déposer des calcaires à *Helix Christoli*, dans le Vaucluse, et les *marnes à lignites de Montvendre et de Tersanne* caractérisées par *Helix delphinensis* et *Unio cabeolensis*.

Étage pontien. — Dans ces contrées, l'époque pontienne a laissé surtout des formations terrestres. On peut y rapporter les *marnes*, les *grès calcaires* et les *faluns de Bollène*, caractérisés par des *Congeria*, *C. dubia*, *C. subcarinata*, *C. simplex*. Les *limons rouges de Cucurron*, auxquels appartient le gisement de Mammifères du mont Léberon, constituent une formation continentale du pontien (A. Gaudry).

La faune du mont Léberon fournit les espèces suivantes : *Dinotherium giganteum*, *Hipparion gracile*, *Sus major*, *Helladotherium Dufrenoyi*, *Machærodus cultridens*, *Rhinoceros Schleiermacheri*. Elle a été retrouvée à Pikermi, dans l'Attique.

Suisse. — Le miocène est formé, en Suisse, par des grès tendres et des conglomérats (*Nagelfluh*) contenant de nombreux fragments de roches étrangères aux Alpes, ce qui conduit à penser que ces conglomérats résultent de la destruction de massifs disparus qui auraient précédé de grand pli alpin.

Les grès tendres (mollasse) ne pénètrent pas dans les massifs montagneux, c'est une formation littorale due à la dégradation, par les eaux marines ou météoriques, d'une côte soumise à des oscillations.

La mollasse suisse se subdivise de la manière suivante :

1° La *mollasse grise de Lausanne*, se rapportant au

burdigalien et dont la flore contient des Palmiers, des Lauriers, des Acacias, des Érables et des Nymphéas, ces derniers indiquent l'existence d'un lac. En certains points, des couches marines à *Venus*, *Murex* et *Cerithium*, s'intercalent dans les assises d'eau douce ;

2° La *mollusse marine helvétienne*, qui correspond à une invasion de la mer. C'est un grès coquillier à ciment calcaire, enchevêtré dans les couches d'eau douce. Sa partie inférieure correspond à la mollasse de Saint-Paul-Trois-Châteaux. Au-dessus, sont des sables sans fossiles, puis la *mollasse de Saint-Gall* à *Cardita Jouanneti ;*

3° L'invasion de la mer helvétienne a été suivie d'un retrait de celle-ci et il ne s'est plus déposé que des couches d'eau douce. On y trouve des *Helix*, des *Unio*, des *Limnées*, des *Planorbes* associées à des débris de grands Mammifères, *Mastodon*, *Anchitherium*, mais où manque *Hipparion*, ce qui fait attribuer la formation au tortonien.

C'est au tortonien supérieur qu'est rapporté le calcaire en plaquettes d'Œningen (lac de Constance) très riche en Insectes, en Poissons et en Reptiles et dont la flore a fourni près de 500 espèces végétales, tant européennes qu'africaines, asiatiques, américaines et australiennes.

Autriche. — En Autriche, la série miocène se montre complète.

La mer burdigalienne a déposé aux environs de Vienne, les *sables de Gauderndorf* dont la faune est la même que celle des faluns de Léognan (*Turritella turris*, *Pecten burdigalensis*, etc.). Au-dessus s'est formée la *mollasse d'Eggenburg* identique à celle de Saint-Paul-Trois-Châteaux et à *Pecten præscabriusculus*.

L'étage helvétien débute par le *schlier*, mollasse marneuse dépourvue de calcaire, mais riche en gypse, en sel, en iode et en oxyde de magnésium. La faune comprend *Aturia aturi*, *Pecten denudatus*, *Spatangus austriacus*. Le schlier est limité à la bordure des Alpes, il s'étend de la Bavière jusqu'en Valachie, il renferme des veines de cire minérale (ozocérite) et des imprégnations de pétrole.

Le dépôt du schlier est accompagné d'un grand mouvement du sol, le bassin de Vienne prend naissance entre les Carpathes et l'extrémité orientale du noyau cristallin des Alpes, qui s'effondre. La mer helvétienne envahit cette dépression, et y dépose les *sables de Grund*, à faune des faluns de Touraine. En même temps, des dépôts de lignite à faune de Sansan, s'effectuent dans les vallées des Alpes, à Esbiswald notamment.

Le tortonien est marqué par les soulèvements de la chaîne des Alpes, qui redresse les dépôts helvétiens, puis par une invasion d'animaux septentrionaux. Là où ont dominé les courants froids, se sont déposées les *marnes de Baden*, à *Cardita Jouanneti*, et *Ancillaria glandiformis*, tandis que la faune helvétienne se maintient aux environs de Buda-Pesth. Des conditions favorables se traduisent par le dépôt du calcaire de la Leitha (*leithakalk*) très riche en Foraminifères (*Globigerina*, *Testularia*, *Triloculina*, *Amphistegina*), en Algues calcaires (*Lithothamnium*). Souvent même il n'est formé que de l'accumulation de ces dernières. On y trouve aussi des Clypéastridés et en abondance *Pecten latissimus*.

La fin du tortonien est marquée par de nouveaux mouvements du sol qui donnent aux Alpes leur relief. Un affaissement du sol amène le dépôt du sarmatien.

Cet étage débute par un *sable à Cerithes* (*C. pictum*, *C. rubiginosum*). Ensuite viennent des marnes dont la faune rappelle la faune actuelle de la mer Caspienne. On y trouve *Tapes gregaria*, *Mactra podolica*, *Buccinum duplicatum*, avec des restes de *Pinnipèdes* et de *Thalassothériens*.

La flore est celle d'Œningen, il y manque les Palmiers. En plusieurs points on rencontre des restes de *Mastodon*, de *Listriodon* et d'autres grands Mammifères.

Le territoire occupé par les dépôts burdigaliens et helvétiens, ayant subi un affaissement, les dépôts pontiens ont pu s'effectuer. Ce sont les *couches à Congéries* avec une faune de Lamellibranches adaptés à une salure de moins en moins grande de l'eau (*Adacna*, *Didacna*, etc.). Dans le bassin de Vienne, cette assise est lignitifère et surmontée par les *graviers du Belvédère*, lesquels renferment une faune semblable à celle du mont Léberon (A. Gaudry). Les cailloux des graviers ont permis de reconnaître le passage d'un fleuve né en Bohême et formant un delta vers Krems. La dessalure de l'eau s'accentue encore dans la Roumanie, la Croatie, la Dalmatie, où se montrent des *Unio*, des *Paludines* dans des dépôts dits *levantins*, qui continueront dans la période suivante.

Italie. — Le burdigalien est représenté par des sables et des grès en général peu fossilifères. Cependant, dans le Vicentin, ils ont donné des *Clypeaster* (*C. scutum*, *C. Michelini*) et *Scutella subrotunda* (couche de Schio). Au-dessus viennent des calcaires marneux à *Spatangus euglyphus*.

L'helvétien est représenté par les *marnes de Langhe* dont la faune est celle du schlier, et par le *conglomérat de la Superga* (près de Turin) à cailloux serpentineux contenant *Cardita Jouanneti* et *Ancillaria glandiformis*. Ces conglomérats représentent les faluns de Touraine.

Le tortonien débute par les *marnes bleues de*

Tortone où se manifeste l'invasion des espèces boréales. Les *Pleurotomes*, les *Conus*, les *Trochus*, les *Turritelles* abondent dans ces marnes. Dans le centre de l'Italie, on trouve le *calcaire sableux du Livournais*, à *Cardita Jouanneti*, il correspond au leithakalk.

Le sarmatien est représenté par une mollasse à *Cerithium pictum*, *C. rubiginosum* et *Pecten cristatum*. Dans le Livournais, les couches tortoniennes sont surmontées de marnes, de sables marneux et de conglomérats à *Tapes greguria* et *Ostrea lamellosa*.

Le pontien comprend, dans le Livournais, les *schistes à Diatomées* (tripoli) où abondent les Poissons d'eau douce ou d'estuaire. En Toscane, le pontien renferme des couches à Congéries et des formations sulfo-gypseuses.

Aux couches à Congéries sont rapportés les *Lignites de Toscane* à Mammifères : *Hipparion*, *Sus*, *Tapirus*, *Semnopithecus*). En Sicile, les couches qui contiennent le soufre sont rangées dans les assises pontiennes.

Ile de Malte. — Dans l'île de Malte, le schlier est représenté par une argile supportant un grès helvétien, et la série miocène est terminée par un calcaire corallien équivalent au leithakalk.

Équivalence des assises miocènes dans l'Europe orientale et méridionale.

	Bassin du Rhône.	*Suisse.*	*Autriche.*	*Italie.*
PONTIEN	Limon rouge de Cucuron. Couches à Congéries de Bollène.	Manque.	Couches à Paludines et couches à Congéries.	Couches à Congéries. Tripoli du Livournais. Gypse de Toscane. Soufre de Sicile.
SARMATIEN	Marnes lignitifères de Tersanne et de Montvendres. Marnes à *Helix Christoli*.	Manque.	Marnes à *Mactra podolica*. Sables à *Cerithium pictum*.	Marnes à *Cerithium pictum* et *Pecten cristatum*.
TORTONIEN	Marnes de Cabrières. Mollasse de Cucuron.	Couches d'Œningen. Mollasse d'eau douce.	Leithakalk. Couches de Buda-Pesth. Marnes de Baden.	Calcaire du Livournais à *Cardita Jouanneti*. Marnes de Tortone à *Pleurotomes*.
HELVÉTIEN	Couche à *Pecten vindascinus*. Sables à *Terebratulina calathisca*. Grès à *Ostrea crassissima*.	Mollasse marine. Sables et grès sans fossiles.	Lignites des vallées alpines. Sables de Grund Schlier.	Couches de la Superga. Marnes des Langhe.
BURDIGALIEN	Mollasse à *Pecten praescabriusculus*. Sables à *Scutella paulensis*. Mollasse du Sausset.	Mollasse coquillière. Mollasse de Lausanne.	Mollasse d'Eggenburg. Sables de Gauderndorf.	Sables et grès à *Clypeaster* du Vicentin. Sables sans fossiles.

II. — Série pliocène.

Caractères de la série pliocène. — Les principales modifications géographiques de la période pliocène sont l'affaissement de la région comprise entre la chaîne de l'Atlas et la chaîne Bétique, affaissement qui amène la formation du détroit de Gibraltar.

La Méditerranée occidentale a été, alors, envahie par une faune atlantique qui ne renferme plus d'espèces tropicales.

Les régions méridionales de l'Europe ont également subi des modifications. La dislocation d'une chaîne dont les Baléares, la Corse et la Sardaigne faisaient partie a amené l'agrandissement de la Méditerranée septentrionale ; et l'écroulement de l'Atlas oriental creusait une nouvelle fosse qui ne dépassait d'ailleurs pas l'île de Cos. La Méditerranée orientale restait soumise au régime aralo-caspien de lacs plus ou moins salés.

Au début de la période, les vallées du Guadalquivir et du Rhône forment deux golfes profonds par où la mer pénètre en Europe. Elle submerge l'Apennin et une partie de la Sicile. En même temps d'importantes manifestations volcaniques se produisent.

Un climat assez doux s'établissait sous ces diverses influences et permettait l'association d'une flore analogue à celle des îles Canaries, avec une flore septentrionale.

La fin de la période est marquée par un abaissement du niveau de la mer et par l'arrivée dans la Méditerranée d'une faune boréale, qui ne s'est maintenue que partiellement dans les grands fonds. Un refroidissement notable se manifeste dans ce climat et amène les premières manifestations de l'époque glaciaire.

La région méditerranéenne orientale demeure soumise à un regime de lacs dans lesquels se développe la faune aralo-caspienne, inaugurée dans la période miocène. Aucune communication n'existe encore entre les deux bassins méditerranéens.

Faune. — Les animaux marins de l'époque pliocène offrent avec les êtres qui peuplent les mers actuelles assez peu de différences pour qu'on ne les en sépare pas spécifiquement.

Invertébrés. — Les principales formes de *Foraminifères*, de *Spongiaires*, de *Cœlentérés*, d'*Échinodermes* et de *Vers* existent encore. La même remarque s'applique aux *Mollusques*. Leurs formes d'eau douce sont des *Congeria*, des *Paludina*, des *Melanopsis*, des *Auricula*, les sédiments terrestres sont remplis d'*Helix*, les argiles et sables marins ou littoraux offrent surtout les *Gastéropodes* des genres *Nassa*, *Fusus*, *Voluta*. Le *Dentale* est abondant. Les *Lamellibranches* des genres *Cyprina*, *Venus*, *Panopea*, *Mactra*, *Pecten*, *Pectunculus* peuplent les mêmes dépôts. Il n'y a qu'un petit nombre d'*Arthropodes*.

Vertébrés. — La faune des Vertébrés est caractérisée par les Mammifères *Proboscidiens*, surtout par le genre *Elephas*, qui vit jusqu'en Angleterre. Les Rhinocéros et les Hippopotames abondent. Les Mastodontes quittent l'Europe avant la fin de la période. Les *Cervidés* et les *Bovidés* sont aussi très nombreux. Les *Simiens* ont abandonné l'Europe. La faune passe insensiblement à celle du quaternaire et il est impossible d'établir des divisions absolues fondées sur ses renouvellements.

Flore. — Les Palmiers disparaissent entièrement du sol français, un seul (*Chamærops humilis*) se maintient dans la région méditerranéenne. Les Bambous se trouvent encore dans les cinérites du Cantal. Les mêmes dépôts renferment des Dicotylédones et des Gymnospermes qui vivent encore au Portugal, au Japon et en Amérique, d'autre part certaines espèces (*Pinus*, *Abies*, *Nymphæa*) se sont maintenues jusqu'aux temps actuels.

Divisions en étages. — On divise la série pliocène en trois étages : *plaisancien* à la base, *astien* au milieu, *sicilien* au sommet.

On reconnaît dans la série un faciès subboréal caractérisé par *Cyprina islandica* et *Panopea norwegica*, un faciès saumâtre à *Congeria* dérivant des mers du pontien, et un faciès lacustre à *Unio* et *Paludina*.

La série pliocène a laissé ses dépôts caractéristiques dans l'Europe méridionale, dans le bassin du Rhône, le Languedoc et le Roussillon, et en Italie ; néanmoins elle a laissé des dépôts importants en Angleterre et dans le nord de la France.

France septentrionale. — Étage plaisancien. — On attribue à l'étage plaisancien un *falun* dit *de la Dixmerie*, qui est formé de sables quartzeux et grenatifères et contenant une faune qui renferme des types du pliocène anglais et d'autres des faluns de l'Anjou. La présence de *Potamides Basteroti* a décidé de la place de ce falun, que l'on considère comme le plus ancien représentant de la série pliocène dans la France septentrionale.

Étage astien. — Les marnes et les faluns du Cotentin à *Nassa prismatica* sont considérés comme représentant l'astien. Ces marnes sont parfois remplacées par des sables argileux à *Nassa* et *Terebratula grandis*. Elles couronnent un conglomérat à cailloux roulés, dans lequel abondent des ossements d'*Halitherium* empruntés par remaniement à un ancien dépôt miocène, car on y a recueilli aussi des dents de Squales miocènes et des molaires de *Dinotherium*.

Étage sicilien. — Enfin on considère comme d'âge

sicilien le gravier de Saint-Prest, près de Chartres, qui semble une formation d'eau douce, on y recueille des débris de *Rhinoceros Mercki*, de *Megaceros cornutum*, d'*Elephas meridionalis*, etc.

Angleterre. — Le pliocène anglais est représenté par une série, peu épaisse, de sables et de graviers connus sous le nom de *crag* et qui reposent soit sur la craie, soit sur le London clay.

Étage plaisancien. — La base est formée par le *crag blanc* ou *Coralline crag*, marnes calcaires remplies de Bryozoaires, on y trouve aussi *Terebratula grandis*. *T. caput serpentis*, *Voluta Lamberti*, *Astarte Omalii*, *Cyprina islandica*. Tous ces Mollusques indiquent un climat tempéré, on ne trouve aucune espèce des mers chaudes.

Le crag blanc est regardé comme appartenant au plaisancien.

Étage astien. — Au-dessus se trouve le *crag rouge*, sables ferrugineux contenant *Trophon antiquum*, *Voluta Lamberti*, *Nassa granulata*, *Purpura tetragona*, *Cypræa europea*, des dents de *Carcharodon* et de *Myliobates*, ainsi que des caisses tympaniques de *Balæna emarginata*. A la base du crag rouge est un lit rempli de vertèbres de *Poissons*, d'os de *Thalassothériens*, de dents de *Squales* provenant du remaniement de l'argile de Londres. Dans le crag même existent encore : *Hipparion*, *Equus*, *Elephas meridionalis*, *Mastodon arvernensis*.

Au crag rouge, s'ajoute le *crag de Norwich* ou crag à Mammifères, il repose sur la craie et renferme des coquilles actuelles jointes à des espèces éteintes, des formes boréales associées à des Mammifères (*Mastodon*, *Elephas*). On admet parfois que c'est là un dépôt d'estuaire contemporain du crag rouge.

Étage sicilien. — Superposé au crag de Norwich vient le *forest bed de Cromer*, argile noire, sableuse, à végétaux et à Mammifères. Beaucoup de souches et de racines sont encore en place, par-dessus s'observe une assise lignitifère à coquilles modernes, puis des dépôts glaciaires. Les Mammifères du forest bed appartiennent pour la plupart à des espèces éteintes. La flore indique un climat moins chaud que celui qui régnait dans le midi de la France. L'existence d'*Elephas meridionalis*, *E. antiquus*, *Machærodus*, *Hippopotamus*, fait admettre la présence d'une communication entre l'Angleterre et le continent.

Équivalence des assises du pliocène du Nord.

	Angleterre.	*France.*
SICILIEN......	Forest bed de Cromer.	Gravier ossifère de Saint-Prest.
ASTIEN........	Crag de Norwich. Crag rouge.	Sables à *Nassa prismatica* du Cotentin.
PLAISANCIEN...	Crag blanc.	Faluns de la Dixmerie.

Bassin du Rhône. — Le pliocène de la vallée du Rhône est en discordance de stratification avec le miocène. A Saint-Paul-Trois-Châteaux, il est adossé au grès turonien et à la mollasse.

ÉTAGE PLAISANCIEN. — On reconnaît deux assises principales dans le plaisancien.

1° A la base, des sables à *Ostrea barriensis* et une marne à *Nassa semistriata*, ayant une faune marine dans laquelle on a pu reconnaître *Pecten comitatus*, *Arca diluvii*, *Cerithium vulgatum*, *Turritella subangulata*, *Auricula serresi*, *Ostrea rastellensis*.

2° Au sommet, des sables ferrugineux et une marne sableuse à *Potamides Basteroti*. Elle renferme des

Congeria, des *Melanopsis* et surtout des *Syndosmia;* à la hauteur de la marne se place les *couches du Gard* à végétaux et à petites Congéries. La flore a des affinités africaines et asiatiques.

Étage astien. — Dans le Dauphiné, les couches plaisanciennes sont surmontées par des marnes blanches ou bleues à lignites et à tourbe (*marnes d'Hauterives*) qui renferment des Mollusques terrestres et d'eau douce, *Helix labyrinthicula*, *H. Colonjoni*, *Clausilia Terveri*, *Planorbis Thiollierei*. Elles représentent la base de l'astien, et les dépôts qu'elles supportent sont rapportés au plaisancien.

C'est dans la plaine de la Bresse que l'on rencontre l'étage astien complet. Les dépôts bressans sont des marnes et des sables avec cailloux roulés décrits autrefois sous le nom d'*alluvions anciennes*. La base en est formée d'argile lignitifère dont la faune est la même que celle d'Hauterives. Elle est surmontée par les *sables de Mollon et de Trévoux*, mais, au sud du Jura, entre ces sables et l'argile, s'intercale une couche marneuse à *Pyrgidium nodoti*, *Paludina bressana*, *Valvata inflata*. Les sables de Mollon sont superposés en quelques points à un tuf à végétaux subtropicaux (*tufs de Meximieux*, fig. 34) et dont la faune est la même que celle des sables, et peu différente de celles des marnes d'Hauterives. Les sables de Mollon semblent constituer le plus haut horizon de l'étage astien.

Étage sicilien. — Les marnes à Paludines et à *Pyrgidium* supportent des graviers à *Elephas meridionalis* et à *Mastodon arvernensis*. Dans la vallée de la Saône, les marnes à Paludines et à *Valvata* se poursuivent et supportent des graviers d'origine fluviale qui les ravinent (*sables de Chagny*, *couches de Fontaine-Française*). Ces graviers ont l'allure des alluvions actuelles et peuvent être mis en parallèle avec le *conglomérat de Chambaran* qui, dans le Dauphiné, surmonte les marnes d'Hauterives. Ce conglomérat

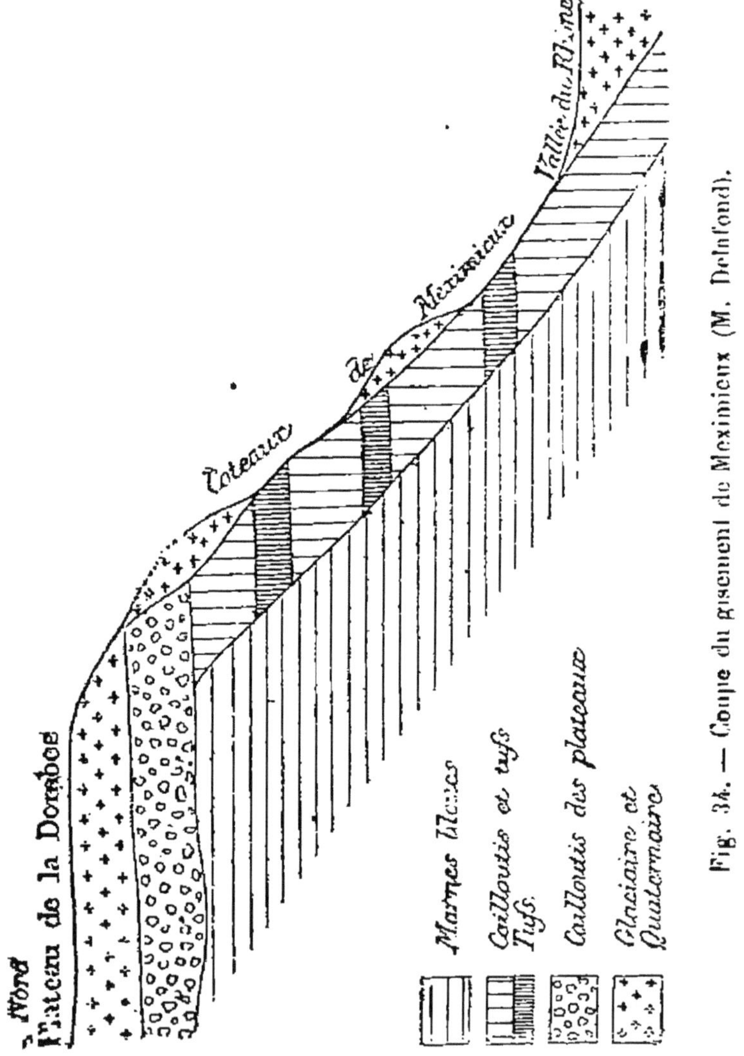

Fig. 34. — Coupe du gisement de Meximieux (M. Delafond).

est remarquable par les blocs de quarzite qui entrent dans sa composition.

On peut dire, en résumé, que la période pliocène a été marquée dans le bassin du Rhône par une substitution du régime fluvial au régime lacustre, ce phénomène du creusement des vallées a débuté dans le Dauphiné, notamment avec le pliocène.

Languedoc. — La base du pliocène est formée par

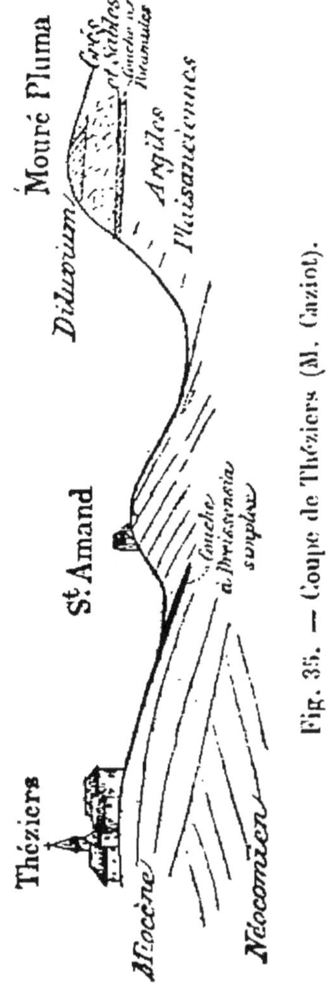

Fig. 35. — Coupe de Théziers (M. Caziot).

des marnes sableuses jaunes à *Potamides Basteroti* que surmontent des sables calcaréo-siliceux à *Ostrea undata*. Dans ces sables, on trouve des ossements de *Mastodon brevirostris*, de *Rhinoceros*, de *Tapir* et d'*Hipparion*. A leur sommet, ces sables passent à des marnes contenant *Helix* et *Clausilia*.

Dans le Gard (fig. 35), des marnes plaisanciennes à *Nassa semistriata*, supportent des sables à *Mastodon* et des marnes à *Potamides Basteroti*, mélangés à la faune d'Hauterives.

Dans l'Hérault et dans le Gard, le pliocène se termine par les *limons rouges de St-Martial et de Durfort* à *Elephas meridionalis*. La végétation de ces gisements a donné des espèces qui ont, depuis ces temps, émigré en Portugal.

- Les dépôts pliocènes se retrouvent aussi dans le Morvan, le Velay, la Limagne, le Cantal. Dans cette dernière région, les flancs des volcans se couvraient pendant les périodes de repos d'une abondante végétation qui a laissé ses empreintes dans les cinérites du Pas-de-la-Mougudo. La flore, très analogue à la flore actuelle, renferme des Bambous et des Érables, dont une espèce émigrée actuellement au Japon.

Italie. — ÉTAGE PLAISANCIEN. — Le plaisancien est formé par les marnes bleues du Plaisantin, dans lesquelles on trouve *Turritella ornata*, *Murex trunculus*, *Dentalium sexangulare* et des restes de *Thalassothériens*.

Aux environs de Rome, les marnes bleues du Vatican fournissent *Nassa semistriata*, *Dentalium elephantinum*, *Pecten cristatus*, *P. rimulosus*.

ÉTAGE ASTIEN. — L'astien est formé, dans le val d'Arno, par des marnes blanches où abondent les débris de *Mastodon arvernensis*.

Aux environs de Rome, les marnes du plaisancien sont surmontées par les sables jaunes du Monte-Mario qui sont divisés en trois zones fossilifères différentes :

A la base, on trouve *Pecten latissimus*, *P. polyodontus*, *P. flabelliformis*.

Au milieu, *P. Jacobæus*, *P. varius*, *P. insubricus*,

Corbula striata, *Mactra triangula*, *Terebratula ampulla*, *Cyprina islandica*.

Au sommet, *Cardium rusticum*, *Anomia ephippium*, *Donax trunculus*.

Dans le Plaisantin, l'astien, représenté par les sables de l'Astésan, est très fossilifère.

ÉTAGE SICILIEN. — Dans le val d'Arno, les marnes à *Mastodon* sont surmontées par des sables à coquilles d'eau douce (*Unio*, *Paludina*, *Anodontes*) supportant des sables micacés à *Elephas meridionalis*, *Hippopotamus major*, *Rhinoceros leptorhinus*.

Cette faune se retrouve au-dessus des sables de l'Astésan dans des marnes sableuses qui représentent l'étage sicilien du Plaisantin.

En Sicile, l'étage est caractérisé par l'apparition d'espèces des mers boréales actuelles. On les trouve dans le calcaire de Palerme, qui passe souvent à des marnes. Les principales espèces sont *Cyprina islandica*, *Mya truncata*, *Buccinum groenlandicum*, *Trichotropis borealis*.

Quant au calcaire crayeux oolithique de Syracuse et aux marnes à *Pecten Jacobæus* qui les surmontent, il est possible qu'ils datent de l'époque du pleistocène.

Équivalence des assises pliocènes en France et en Europe.

	Bassin du Rhône.	Languedoc.	Italie.
SICILIEN.	Conglomérat de Chambaran. Sables de la Bresse. Couches à *Elephas meridionalis*.	Couches de Durfort à *Elephas meridionalis*.	Calcaire et argiles de Palerme à *Cyprina islandica*. Sables de l'Arno.
ASTIEN.	Sables de Mollon. Tuf de Meximieux. Marnes à *Pyrgidium nodoti*. Marnes d'Hauterives.	Sables de Montpellier à *Ostrea undata*.	Marnes du Val d'Arno à *Mastodon arvernensis*. Sables de l'Astésan. Sables du Plaisantin. Sables de Monte-Mario.
PLAISANCIEN.	Couches à *Potamides Basteroti* et marnes à *Nassa semistriata*.	Argiles bleues de Millas.	Marnes du Plaisantin et du Vatican.

CHAPITRE III

DÉPÔTS PLEISTOCÈNES

Définition. — Le nom d'époque *pleistocène* est consacré à l'ensemble des épisodes qui ont marqué le début de l'ère quaternaire ou actuelle.

Ces épisodes, qui n'ont laissé aucune trace dans l'histoire ou dans les traditions de l'humanité, sont d'abord la création de l'Adriatique et de la mer Égée et l'ouverture d'une communication entre celles-ci et la mer Noire qui était jusque-là une dépendance du système aralo-caspien, plus tard, la disparition des restes du continent atlantique. A ces modifications géographiques s'ajoutent des phénomènes climatériques qui ont permis d'immenses manifestations de l'érosion et des alluvionnements. Ces phénomènes sont des précipitations atmosphériques, qui ont amené la formation des nappes de glace dans la région septentrionale et les massifs montagneux. La conséquence de ce régime a été un refroidissement marqué de la température moyenne en Europe et en Amérique.

Faune. — Les Mollusques des régions boréales se sont, sous l'influence des phénomènes glaciaires, avancés vers le sud, ou ont reculé vers le nord. La faune marine identique à la faune actuelle, n'en diffère que par la répartition géologique de certaines espèces.

La faune terrestre renferme au contraire des espèces éteintes avec des espèces vivantes, tandis que d'autres ont émigré vers le sud.

Parmi les espèces éteintes sont : *Elephas antiquus*, *E. primigenius* (Mammouth), les *Rhinocéros*, les *Hippopotames*, et les grands *Félins*.

Le Renne et le Glouton ont émigré dans le nord; le Chamois et la Marmotte se sont retirés sur les sommets des hautes montagnes ; l'Aurochs est relégué aujourd'hui dans quelques forêts de l'Europe orientale.

Restes humains. — Le fait paléontologique qui domine l'histoire des temps pleistocènes est la présence de l'homme. Les débris humains dans les dépôts pleistocènes sont, à la vérité, très rares, mais il est resté des produits de l'industrie humaine, des *silex taillés*.

De ceux-ci, les uns ont subi une simple taille à éclats, ils caractérisent une époque dite *paléolithique*, tandis que d'autres ont été polis (*haches celtiques*), et caractérisent l'époque dite *néolithique*.

Silex paléolithiques. — Les plus anciens silex paléolithiques sont des instruments triangulaires taillés à éclats sur les deux faces par retouches successives. Le type en existe à Chelles (Seine-et-Marne) et à

St-Acheul (près d'Amiens), de là les noms de silex *chelléens* ou *acheuléens*.

D'autres instruments en pierre, taillés sur une seule face, ont été trouvés dans la Dordogne à Moustier, ce sont les instruments du type *moustiérien* (de Mortillet). Un dernier type, dit *magdalénien* (des cavernes de la Madeleine en Périgord), est caractérisé par plus de fini dans le travail, ainsi que par l'association aux outils de pierre, d'instruments en os ou en ivoire souvent agrémentés de ciselures. La phase où l'homme taillait ses outils suivant ce type est séparée de la phase moustiérienne par une époque durant laquelle les outils taillés avec plus de soin que dans cette dernière, ne sont pas accompagnés d'instruments en os, c'est le type *solutréen* (de Solutré, en Bourgogne).

Les animaux contemporains de l'homme chelléen, *Elephas antiquus*, *Rhinoceros Mercki*, *R. tichorhinus*, *Hippopotamus major*, *Elephas primigenius*, *Megaceros hibernicus*, sont aussi contemporains du moustiérien. A Solutré domine le Cheval, tandis que le magdalénien est l'âge du Renne.

Silex néolithiques. — On a trouvé, dans les cavernes de Peyrehorade, des couches contenant des squelettes humains de même race, associés à des outils de type paléolithique et néolithique ; il es donc hors de doute qu'entre ces deux phases de l'industrie primitive, il n'y a pas eu interruption. On peut supposer qu'une invasion humaine s'est répandue en Europe, amenant une race plus civilisée adonnée à l'agriculture et qui, se mêlant à la première, l'aurait partout effacée en raison de sa supériorité. C'est ainsi qu'au confluent de l'Eure et de la Seine, la race de Cro-Magnon (1) s'est maintenue quel-

(1) Voy. H. Girard. *Aide-mémoire de Paléontologie*, p. 340.

que temps dans une contrée dont la culture était plus difficile que dans les autres régions de la France.

Divisions du pleistocène. — Les dépôts marins du pleistocène n'apparaissent qu'en certains points où se montrent des plages émergées et des cordons littoraux soulevés. Partout ailleurs, les traces de l'époque sont des formations continentales, engendrées par l'activité des glaciers, le travail des cours d'eau, ou celui des eaux de ruissellement. Il y a donc lieu d'examiner, en suivant l'ordre d'importance ; 1° le terrain erratique, 2° les alluvions, 3° le loess, 4° les dépôts de cavernes, 5° les dépôts marins.

Terrain erratique. — Le terrain erratique, ou *diluvium* septentrional, est une bande de matériaux de transport (*drift*), qui s'étend depuis les régions boréales, mais ne dépasse guère une ligne sinueuse dont les points principaux sont la pointe sud-ouest de l'Islande, le canal de Bristol, la banlieue nord de Londres, Anvers, Magdebourg, Cracovie, Kiew, Moscou, Kazan et l'extrémité nord de l'Oural. La formation caractéristique des terrains erratiques est une argile non stratifiée contenant des pierres disséminées (*till* des Anglais, *Geschiebelehm* des Allemands).

La forme anguleuse des pierres, la proportion considérable d'argile, la rareté des sables empêchent de regarder le terrain erratique comme le résultat d'une inondation. En Écosse, en Finlande, en Scandinavie, l'action des glaces est surabondamment prouvée par des roches cannelées, striées, moutonnées, aussi admet-on que des glaciers descendant des régions boréales ont été les agents de dissémination des matériaux erratiques. La glace rabotait, en quelque sorte, le sol recouvert par le terrain, et cette glace était formée par la réunion de glaciers descendus de l'Écosse et de la Scandinavie. La nappe glaciaire supprimait la mer du Nord et la Baltique, elle versait sur l'Angleterre, la Hollande et l'Allemagne une moraine où les matériaux charriés à la surface de la glace se mêlaient aux produits de la trituration du terrain sous-jacent.

Le séjour des glaces a été d'une longue durée et, dans cet intervalle de temps, l'extrémité libre des glaciers a subi de nombreux changements. On trouve dans le terrain erratique des parties de sable et de graviers dues à des cours d'eau qui s'échappaient du front des glaciers en voie de recul. Quelquefois, les graviers renferment des coquilles marines, lorsque la glace après avoir passé sur un golfe remontait la côte en poussant les sables des plages. D'autres fois des flaques d'eau ont pu s'établir sur la moraine et il s'est fait des dépôts à coquilles d'eau douce qu'on retrouve subordonnés au terrain erratique.

Divisions du terrain erratique. — On reconnaît un terrain erratique inférieur (*boulder clay* des Anglais) et un terrain erratique plus récent (*chalky boulder clay*). Ce dernier contient de nombreux fragments de craie. La formation du dernier dépôt aurait été séparée de celle du premier par un intervalle de temps durant lequel la contrée, débarrassée de glaces, était parcourue par des cours d'eau qui déposaient des limons et des graviers. Ces graviers interglaciaires sont parfois très abondants et permettent de distinguer quatre nappes de boulder clay.

En Allemagne et en Angleterre, les sables intercalés entre les nappes erratiques contiennent des restes d'*Elephas antiquus*, *E. primigenius*, *Rhinoceros leptorhinus*, *R. tichorhinus*, *Bos primigenius*, *B. priscus*, *Cervus elephas*, *C. Tarandus*.

Cette faune semble démontrer que le climat de la phase interglaciaire était aussi tempéré que le climat actuel et qu'un régime fluvial s'était établi.

La seconde nappe glaciaire ne s'est pas avancée aussi loin que la première. La direction des glaces n'est pas la même non plus. Enfin on a découvert en quelques points de l'Allemagne du Nord un gravier dont l'étude a conduit à admettre l'existence d'une nappe glaciaire d'origine pliocène. Aucune trace humaine n'a été trouvée sous le terrain glaciaire. A la surface de l'erratique supérieur, on rencontre des silex néolithiques, les vestiges paléolithiques sont concentrés sur la lisière méridionale, là où l'erratique inférieur n'a pas été recouvert. Ces restes sont donc interglaciaires.

En Amérique, le drift couvre une superficie considérable au nord d'une ligne qui longe le nord-est des Montagnes Rocheuses, passe aux sources du Missouri, suit le fleuve jusqu'à Saint-Louis, passe à Cincinnati, suit le côté sud du lac Érié et aboutit sur la mer à New-York. Les dépôts de cette *drift area* sont identiques à ceux du boulder clay. La direction des stries des roches sous-jacentes atteste que le point de départ des glaces était le bassin du Saint-Laurent (d'où le nom de *glaces laurentiennes*). Les divers lobes de la couche glaciaire ont été cependant indépendants les uns des autres. A l'ouest du lac Michigan, existe une aire de 25 000 kilomètres carrés dépourvue de drift. On a démontré que des circonstances topographiques détournaient les glaces à leur arrivée et ne laissaient pénétrer qu'une nappe insuffisante pour résister à l'action des vents chauds venus du sud.

Il y a eu aussi deux invasions de glaces séparées par une phase assez longue pour que des forêts de Conifères aient eu le temps de se développer.

Des traces locales de l'époque glaciaire se trouvent encore en Europe. Dans les Alpes, par exemple, les glaciers avaient acquis une extension considérable portant des blocs de protogine jusqu'au Jura.

L'ancien glacier du Rhône s'étendait jusqu'à Lyon et sa moraine frontale s'allongeait en éventail sur une étendue de 100 kilomètres de Vienne à Bourg, apportant en ces régions des blocs de granite alpin, de phyllade ou de chloritoschiste.

Les Vosges, l'Auvergne, le Cantal, les Pyrénées ont été couverts aussi par des glaciers locaux très importants.

Il en est de même de la Sibérie septentrionale, dans les glaces pleistocènes de laquelle abondent les restes de Mammouths. Dans les crevasses, souillées de limon et de sables, des falaises de glace pleistocène de l'île Liakhof on a trouvé des cadavres de Mammouths et de Rhinoceros avec leur chair en partie conservée. Une couche de terre protectrice a dans cette île protégé l'ancien glacier contre la destruction.

Le même fait s'observe dans la Colombie anglaise.

Alluvions. — Dans les plaines et les vallées éloignées des centres de dispersion des glaces, les dépôts pleistocènes se composent de graviers, de sables, de limons échelonnés à diverses hauteurs depuis le fond des vallées jusqu'aux lignes de faîte. Ils forment des terrasses successives, dont chacune est formée par une couche d'alluvions (sable ou gravier) et recouverte par une masse de terre limoneuse. En général, on trouve des nappes de cailloux roulés alternant avec des lits de sable enchevêtrés, comme il sied à un dépôt d'eau courante. Au-dessus, vient un sable limoneux, gris, déposé par une eau plus tranquille, puis une boue calcarifère jaunâtre, le *lœss*, irrégulièrement raviné par le limon ou terre à briques (*diluvium rouge*).

Les graviers sont des produits d'alluvion, localisés dans leur bassin hydrographique et amenés par des cours d'eau coulant dans des conditions de pente et de niveau autres que les courants actuels. Ils renferment des dents de grands Mammifères et des silex taillés.

Les premiers restes de l'industrie humaine se rencontrent dans les graviers de la Somme et de la Seine, à une faible hauteur (20 à 30 mètres) au-dessus du fond de la vallée, et dans des conditions qu permettent d'affirmer que les rivières coulaient alors à cette hauteur, au moins dans leurs crues. On est donc conduit à admettre que les grands fleuves quaternaires affouillaient un lit encombré de graviers et de sables et que les inondations dues à la fonte des glaces remaniaient ces alluvions et amenaient un mélange de matériaux d'inégale ancienneté.

Lœss et limon. — On désigne sous le nom de *lœss*, une boue argileuse d'un brun clair, fortement calcaire, avec de menus grains de quartz anguleux et de petites paillettes de mica. La concentration du calcaire donne parfois lieu à des concrétions particulières (*poupées du lœss*). Il n'y a jamais de stratification.

Le lœss est répandu en Europe dans la vallée du Rhin, celle du Danube et de leurs principaux affluents ; il couvre le Hainaut, le Brabant, le Limbourg, le Nord de la France ; il abonde en Hongrie, en Moravie, en Roumanie. En Chine, il forme des accumulations de 400 mètres découpées par des ravins à parois verticales. Il recouvre aussi les pampas de l'Amérique du Sud.

Sa faune renferme surtout des coquilles terrestres et des Mammifères. En Allemagne les restes de Lemming (*Myodes*) dominent, puis les Gerboises (*Alactaga*) c'est-à-dire des animaux de pays froids et de steppes. Les restes d'*Elephas primigenius*, de Rhinocéros et de Rennes accompagnent ceux de *Myodes* et d'*Alactaga*.

On discute encore sur l'origine du lœss et sur son âge. En France, le lœss paraît postérieur aux alluvions à *Elephas primigenius*.

Dépôts de cavernes. — Les flancs des vallées sont, dans beaucoup de pays, creusés de cavernes spacieuses ou ramifiées dont l'origine est attribuée à des cours d'eau souterrains. Ces cavernes ont dû être creusées au fur et à mesure de l'approfondissement des vallées, les phénomènes d'alluvionnement s'y sont donc fait sentir ; en outre, sous l'action des eaux météoriques, les terres venant de la surface ont dû les encombrer.

D'ailleurs, les eaux d'infiltration ont aussi donné naissance à des revêtements d'incrustation, et les limons, plus ou moins ossifères, des cavernes alternent souvent avec ces planchers d'incrustation (*planchers stalagmitiques*), dont chacun correspond à une période de calme et d'humidité pendant laquelle l'infiltration s'exerçait librement sur la paroi et sur le fond. Le remplissage des cavernes s'est opéré par une sorte de lœss, dans lequel on recueille des débris de Mammouths, de Rhinocéros et d'Ours. Plus tard les débris de Rennes abondent.

Plus tard, encore, l'homme ayant pris possession de ces cavités, les silex taillés, les ossements humains et les ossements des animaux dont il se servait pour sa nourriture se sont entassés dans les grottes. Il s'est alors déposé un limon rouge (limon des cavernes) qui, remplissant les fentes du calcaire, a donné lieu aux brèches osseuses dans lesquelles on trouve des animaux entiers.

Dépôts marins. — Les dépôts marins du pleistocène n'affectent de régularité que dans le nord. On admet que des phénomènes thermiques, provoqués par l'absence ou la présence des glaces, ont tantôt élevé, tantôt abaissé l'écorce terrestre, en produisant le phénomène des fjords, sur les côtes. La trace de ces mouvements est encore visible en Amérique, où l'on compte trois lignes de terrasses marines.

En Europe, les plus hautes plages marines atteignent 160 mètres d'altitude, et contiennent une faune arctique ; les terrasses plus basses renferment des espèces méditerranéennes, actuellement inconnues dans ces parages.

Dans la Méditerranée, existe aussi un certain nombre de dépôts pleistocènes marins, qui sont portés à des hauteurs plus ou moins considérables au-dessus du niveau de la mer. Ces exhaussements du fond prouvent que d'importants changements se sont produits dans la Méditerranée, dès le début de l'époque quaternaire. La mer Égée, qui n'existait pas à l'époque pliocène, a pris naissance, par suite de bouleversements volcaniques, dont les Cyclades ont été le siège ; de même pour la région occidentale de la mer Adriatique. La situation exceptionnelle des dépôts pleistocènes, en Sicile par exemple, ne peut s'expliquer que par des soulèvements en rapport avec l'activité volcanique de la région. Au delà de la mer Égée, on ne trouve plus de dépôts marins appartenant au pleistocène.

TABLE ALPHABÉTIQUE

TABLE DES MATIÈRES

PREMIÈRE PARTIE

TERRAINS STRATIFIÉS

DEUXIÈME PARTIE

FORMATIONS SÉDIMENTAIRES DU GROUPE PRIMAIRE

TROISIÈME PARTIE

FORMATIONS SÉDIMENTAIRES DU GROUPE SECONDAIRE

QUATRIÈME PARTIE

FORMATIONS SÉDIMENTAIRES DES GROUPES TERTIAIRE ET QUATERNAIRE

3372-96. — CORBEIL. Imprimerie Éd. Crété.

www.ingramcontent.com/pod-product-compliance
Ingram Content Group UK Ltd.
Pitfield, Milton Keynes, MK11 3LW, UK
UKHW021924230726
13925UKWH00007B/397

9 782013 612265